国家示范（骨干）高职院校重点建设专业优质核心课程系列教材

C++程序设计基础教程

主　编　刘志宝　朱伟华　谢利民

副主编　曹建峰　刘金明　闫　淼

中国水利水电出版社
www.waterpub.com.cn

内 容 提 要

本书以 Visual C++典型案例为载体，针对典型任务明确知识目标和技能目标，通过任务分析、知识学习、任务实现、任务拓展等体现“教学做”的教学理念，采用全程导入、全程渐进的方式，由易到难，由仿真到实战组织教学内容。

全书共 11 章，将 C++的基础编程知识、面向对象设计方法、文件操作、异常处理等内容通过案例解析实现。

本书可以作为高职高专计算机及相关专业的基础课教材，也可以作为相关工程技术人员的自学参考书。

本书配有免费电子教案，读者可以从中国水利水电出版社网站以及万水书苑下载，网址为：http://www.waterpub.com.cn/softdown/或 http://www.wsbookshow.com。

图书在版编目（CIP）数据

C++程序设计基础教程 / 刘志宝，朱伟华，谢利民主编. -- 北京 : 中国水利水电出版社，2015.12（2021.1 重印）
国家示范（骨干）高职院校重点建设专业优质核心课程系列教材
ISBN 978-7-5170-3996-9

Ⅰ. ①C… Ⅱ. ①刘… ②朱… ③谢… Ⅲ. ①C语言－程序设计－高等职业教育－教材 Ⅳ. ①TP312

中国版本图书馆CIP数据核字(2015)第321334号

策划编辑：石永峰　　　责任编辑：张玉玲　　　封面设计：李　佳

书　　名	国家示范（骨干）高职院校重点建设专业优质核心课程系列教材 **C++程序设计基础教程**
作　　者	主　编　刘志宝　朱伟华　谢利民 副主编　曹建峰　刘金明　闫　淼
出版发行	中国水利水电出版社 （北京市海淀区玉渊潭南路 1 号 D 座　100038） 网址：www.waterpub.com.cn E-mail：mchannel@263.net（万水） sales@waterpub.com.cn 电话：（010）68367658（发行部）、82562819（万水）
经　　售	北京科水图书销售中心（零售） 电话：（010）88383994、63202643、68545874 全国各地新华书店和相关出版物销售网点
排　　版	北京万水电子信息有限公司
印　　刷	北京建宏印刷有限公司
规　　格	184mm×260mm　16 开本　11 印张　282 千字
版　　次	2015 年 12 月第 1 版　2021 年 1 月第 2 次印刷
印　　数	2001—2500 册
定　　价	**24.00 元**

前　　言

C++是一种使用非常广泛的程序设计语言，是在C语言的基础上发展演变而来的。它是一种静态数据类型检查的支持多范型的通用程序设计语言。C++支持过程化程序设计、数据抽象化、面向对象程序设计、泛型程序设计、基于原则设计等多种程序设计风格。

C++语言既保留了C语言的有效性、灵活性、便于移植等全部精华和特点，又添加了面向对象编程的支持，具有强大的编程功能，可以方便地构造出模拟现实问题的实体和操作，编写出的程序具有结构清晰、易于扩充等优良特性，适合于各种应用软件、系统软件的程序设计。用C++编写的程序可读性好，生成的代码质量高。

本书是作者在总结了多年教学经验的基础上编写的，每章既有理论部分又有实践内容，而且以大量的典型案例为载体，让读者巩固知识、消化理解，以达到强化技能培养的目标。本书具有以下特色：

（1）以典型案例为载体。书中各章都含有大量典型案例，而且每个案例都是大家所熟知的经典问题，容易理解；另外，解决问题对应的代码详尽、复用性高。

（2）层次递进的组织结构。本书整体由浅入深、从易到难，依次将C++的基础编程知识、面向对象设计方法、文件操作、异常处理等内容引入，并通过案例解析实现强化学习；针对每章的任务设置也是由易到难依次纵深展开，而且有的任务之间具有紧密的联系。

（3）教学做一体化的教学理念。以本书为载体进行教学时，可以将理论教学和实践教学有机地结合起来，融“教学做”为一体。针对典型任务明确知识目标和技能目标，通过任务分析、知识学习、任务实现、任务拓展等体现“教学做”的教学理念。

本书由刘志宝、朱伟华、谢利民任主编，曹建峰、刘金明、闫淼任副主编。刘志宝编写提纲并统稿，第1章和第5～11章由刘志宝、朱伟华（吉林电子信息职业技术学院）、谢利民（无锡机电高等职业技术学校）编写，第2～4章由曹建峰（无锡职业技术学院）、刘金明（吉林电子信息职业技术学院）、闫淼编写，另外参加本书部分编写工作的还有罗大伟、陈巍（吉林电子信息职业技术学院）等。

在本书编写过程中编者参阅了相关著作、教材和电子资料，在此谨向相关作品的作者表示衷心的感谢。由于时间仓促及编者水平有限，书中错漏之处在所难免，恳请广大读者批评指正。

编　者

2015年12月

目　　录

1

C++程序设计概述

面向对象程序设计是针对开发较大规模的程序而提出的，目的是提高软件开发的效率。学习C++，既要会利用C++进行面向过程的结构化程序设计，又要会利用C++进行面向对象的程序设计。本书既介绍C++在面向过程程序设计中的应用，又介绍C++在面向对象程序设计中的应用。

1.1　C++程序样例

例 1.1　简单C++程序，输入一个整数，扩大2倍后输出结果。

程序如下：

```
#include <iostream>                    //引用头文件
using namespace std;                   //使用命名空间
int main()                             //主函数
{
    int n=0;                           //定义整型变量
    cin>>n;                            //输入整数值，存储到变量 n 中
    n=n*2;                             //值扩大 2 倍
    cout<<n<<endl;                     //输出 n 的值
    return 0;                          //主函数返回值
}
```

在运行时会在屏幕上输入一个整数，然后会输出该整数扩大2倍后的数值。

用main代表“主函数”的名字。每一个C++程序都必须有一个main函数，而且只能有一个main函数。main前面的int的作用是声明函数的类型为整型。程序中的“return 0;”语句的作用是向操作系统返回一个零值。如果程序不能正常执行，则会自动向操作系统返回一个非零值，一般为-1。

函数体是由花括号（{}）括起来的，里面的所有C++语句最后都应当有一个分号。

再看程序的第1行“#include <iostream>”，这不是C++的语句，而是C++的一个预处理命令，它以“#”开头以与C++语句相区别，行的末尾没有分号。#include <iostream>是一个“包含命令”，作用是将文件iostream的内容包含到该命令所在的程序文件中，代替该命令行。文件iostream的作用是向程序提供输入或输出时所需要的一些信息。iostream是i、o、stream三个词的组合，从它的形式就可以知道它代表“输入输出流”的意思，由于这类文件都放在程序单元的开头，所以称为“头

文件”（head file）。在程序进行编译时，先对所有的预处理命令进行处理，用头文件的具体内容代替 #include 命令行，然后再对该程序单元进行整体编译。

程序的第 2 行“using namespace std;”的意思是“使用命名空间 std”。C++标准库中的类和函数是在命名空间 std 中声明的，因此程序中如果需要用到 C++标准库（此时就需要用#include 命令行），就需要用“using namespace std;”进行声明，表示要用到命名空间 std 中的内容。

“//”后面的内容属于注释部分，不属于程序语句，即不编译、不执行。

main 函数内的程序语句的具体含义见注释。

例 1.2 输入两个整数，计算两个整数的和。

程序如下：

```
#include <iostream>                          //引用头文件
using namespace std;                         //使用命名空间
int add(int x,int y)                         //定义 add 函数，函数值为整型，形式参数 x、y 为整型
{
    int z;                                   //变量声明，定义本函数中用到的变量 z 为整型
    z=x+y;                                   //计算两个数的加和
    return z;                                //返回结果
}
int main()                                   //主函数
{
    int a,b,m;                               //变量声明
    cin>>a>>b;                               //输入变量 a 和 b 的值
    m=add(a,b);                              //调用 max 函数，将得到的值赋给 m
    cout<<a<<"+"<<b<<"="<<m<<endl;           //输出和 m 的值
    return 0;                                //如果程序正常结束，向操作系统返回一个零值
}
```

本程序包括两个函数：主函数 main 和被调用的函数 add。

程序运行情况如下：

```
4   5      （回车）（输入 4 和 5 给 a 和 b）
4+5=9     （输出加和）
```

注意输入的两个数间用至少一个空格间隔，不能以逗号或其他符号间隔。

在上面的程序中，add 函数出现在 main 函数之前，因此在 main 函数中调用 add 函数时编译系统能识别 add 是已定义的函数名。如果把两个函数的位置对换一下，即先写 main 函数，后写 add 函数，这时在编译 main 函数遇到 add 时，编译系统无法知道 add 代表什么含义，因而无法编译，按出错处理。为了解决这个问题，在主函数调用该函数前需要对被调用函数进行声明。上面的程序可以改写如下：

```
#include <iostream>                          //引用头文件
using namespace std;                         //使用命名空间
int add(int x,int y);                        //声明 add 函数
int main()                                   //主函数
{
    int a,b,m;                               //变量声明
    cin>>a>>b;                               //输入变量 a 和 b 的值
    m=add(a,b);                              //调用 max 函数，将得到的值赋给 m
    cout<<a<<"+"<<b<<"="<<m<<endl;           //输出和 m 的值
    return 0;                                //如果程序正常结束，向操作系统返回一个零值
}
int add(int x,int y)                         //定义 add 函数，函数值为整型，形式参数 x、y 为整型
{
```

```
    int z;                              //变量声明，定义本函数中用到的变量z为整型
    z=x+y;                              //计算两个数的加和
    return z;                           //返回结果
}
```

例 1.3 包含类的C++程序。

程序如下：

```
#include <iostream>
using namespace std;
class Student                           //声明一个类，类名为Student
{
    private:                            //以下为类中的私有部分
    int num;                            //私有变量num
    int score;                          //私有变量score
    public:                             //以下为类中的公有部分
    void setdata()                      //定义公有函数setdata
    {
        cin>>num;                       //输入num的值
        cin>>score;                     //输入score的值
    }
    void display()                      //定义公有函数display
    {
        cout<<"num="<<num<<endl;        //输出num的值
        cout<<"score="<<score<<endl;    //输出score的值
    }
};                                      //注意类的声明用分号结束
int main()                              //主函数首部
{
    Student stud1,stud2;                //定义stud1和stud2为Student类的变量，称为对象
    stud1.setdata();                    //调用对象stud1的setdata函数
    stud2.setdata();                    //调用对象stud2的setdata函数
    stud1.display();                    //调用对象stud1的display函数
    stud2.display();                    //调用对象stud2的display函数
    return 0;
}
```

在一个类中包含两种成员：数据和函数，分别称为数据成员和成员函数。在C++中把一组数据和有权调用这些数据的函数封装在一起，组成一种称为“类（class）”的数据结构。在上面的程序中，数据成员num、score和成员函数setdata、display组成了一个名为Student的“类”类型。成员函数是用来对数据成员进行操作的。也就是说，一个类是由一批数据以及对其操作的函数组成的。

类可以体现数据的封装性和信息隐藏。在上面的程序中，在声明Student类时，把类中的数据和函数分为两大类：private（私有的）和public（公有的）。把全部数据（num、score）指定为私有的，把全部函数（setdata、display）指定为公有的。在大多数情况下，会把所有数据指定为私有的，以实现信息隐藏。

具有“类”类型特征的变量称为“对象”（object）。

程序中main部分是主函数。

程序运行情况如下：

```
1001  98.5   （回车）（输入学生1的学号和成绩）
1002  76.5   （回车）（输入学生2的学号和成绩）
num=1001     （输出学生1的学号）
score=98.5   （输出学生1的成绩）
```

```
num=1002   （输出学生 2 的学号）
score=76.5 （输出学生 2 的成绩）
```

C++程序的结构和书写格式归纳如下：

（1）一个 C++程序可以由一个程序单位或多个程序单位构成，每一个程序单位作为一个文件。在程序编译时，编译系统分别对各个文件进行编译，因此一个文件是一个编译单元。

（2）在一个程序单位中，可以包括以下几个部分：

- 预处理命令。前面的 4 个程序中都包括#include 命令。
- 全局声明部分（在函数外的声明部分）。在这部分中包括对用户自己定义的数据类型的声明和程序中所用到的变量的定义。
- 函数。函数是实现操作的部分，因此函数是程序中必须有的和最基本的组成部分。每一个程序必须包括一个或多个函数，其中必须有（且只能有）一个主函数（main 函数）。

但是并不要求每一个程序文件都必须具有以上 3 个部分，可以缺少某些部分（包括函数）。

（3）一个函数由两部分组成：函数首部和函数体。

1）函数首部，即函数的第一行，包括函数名、函数类型、函数属性、函数参数（形参）名、参数类型。一个函数名后面必须跟一对圆括号，函数参数可以缺省，如 int main()。

2）函数体，即函数首部下面的大括号内的部分。如果在一个函数中有多个大括号，则最外层的一对{}为函数体的范围。

函数体一般包括以下三个部分：

- 局部声明部分（在函数内的声明部分）：包括对本函数中所用到的类型、函数的声明和变量的定义。
- 对数据的声明：既可以放在函数之外（其作用范围是全局的），也可以放在函数内（其作用范围是局部的，只在本函数内有效）。
- 执行部分：由若干个执行语句组成，用来进行有关的操作，以实现函数的功能。

（4）语句包括两类：一类是声明语句，另一类是执行语句。C++对每一种语句赋予一种特定的功能。语句是实现操作的基本成分，显然没有语句的函数是没有意义的。C++语句必须以分号结束。

（5）一个 C++程序总是从 main 函数开始执行的，而不论 main 函数在整个程序中的位置如何。

（6）类（class）是 C++新增加的重要的数据类型，是 C++对 C 的最重要的发展。有了类，就可以实现面向对象程序设计方法中的封装、信息隐藏、继承、派生、多态等功能。在一个类中可以包括数据成员和成员函数，它们可以被指定为私有的（private）和公有的（public）属性。私有的数据成员和成员函数只能被本类的成员函数所调用。

（7）C++程序书写格式自由，一行内可以写几个语句，一个语句可以分写在多行上。C++程序没有行号。

（8）一个好的、有使用价值的源程序都应当加上必要的注释，以增加程序的可读性。C++还保留了 C 语言的注释形式，可以用“/*……*/”对 C++程序中的任何部分作注释。在“/*”和“*/”之间的全部内容作为注释。

用“//”作注释时，有效范围只有一行，即本行有效，不能跨行。而用“/*……*/”作注释时有效范围为多行，只要在开始处有一个“/*”，在最后一行结束处有一个“*/”即可。因此，一般习惯是：内容较少的简单注释常用“//”，内容较长的注释常用“/*……*/”。

1.2 C++程序的上机步骤

一个程序从编写到最后得到运行结果一般要经历以下步骤：

（1）用 C++语言编写程序。

用高级语言编写的程序称为“源程序”（source program）。C++的源程序是以.cpp 作为后缀的（cpp 是 c plus plus 的缩写）。

（2）对源程序进行编译。

为了使计算机能执行高级语言源程序，必须先用一种称为“编译器（complier）”的软件（也称编译系统）把源程序翻译成二进制形式的“目标程序（object program）”。

编译是以源程序文件为单位分别进行的。目标程序一般以.obj 或.o 作为后缀（object 的缩写）。编译的作用是对源程序进行词法检查和语法检查。编译时对文件中的全部内容进行检查，编译结束后会显示出所有的编译出错信息。一般编译系统给出的出错信息分为两种：一种是错误（error），一种是警告（warning）。

（3）将目标文件连接。

在改正所有的错误并全部通过编译后得到一个或多个目标文件，此时要用系统提供的“连接程序（linker）”将一个程序的所有目标程序和系统的库文件以及系统提供的其他信息连接起来，最终形成一个可执行的二进制文件，它的后缀是.exe，是可以直接执行的。

（4）运行程序。

运行最终形成的可执行的二进制文件（.exe 文件），得到运行结果。

（5）分析运行结果。

如果运行结果不正确，应检查程序或算法是否有问题。

在了解了 C++语言的初步知识后，读者最好尽快在计算机上编译和运行 C++程序，以加深对 C++程序的认识并初步掌握 C++的上机操作。

本书中的程序代码都是在 Visual C++ 6.0 环境下编辑、调试、运行的，下面简要介绍如何使用 Visual C++ 6.0 环境进行代码的编写、编译、执行等操作。

（1）启动 Visual C++ 6.0 环境，操作如图 1-1 和图 1-2 所示。

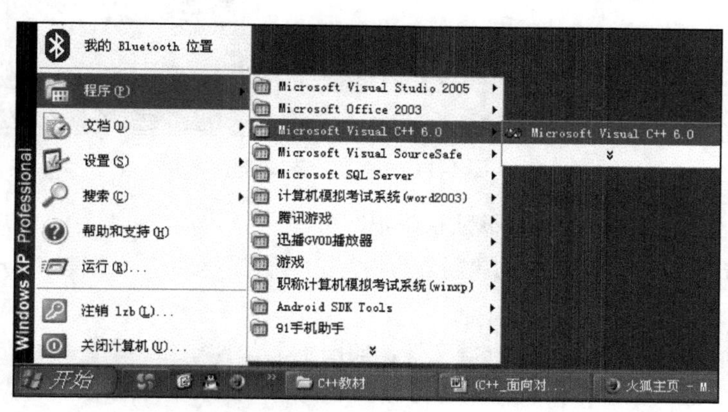

图 1-1 启动 Visual C++ 6.0

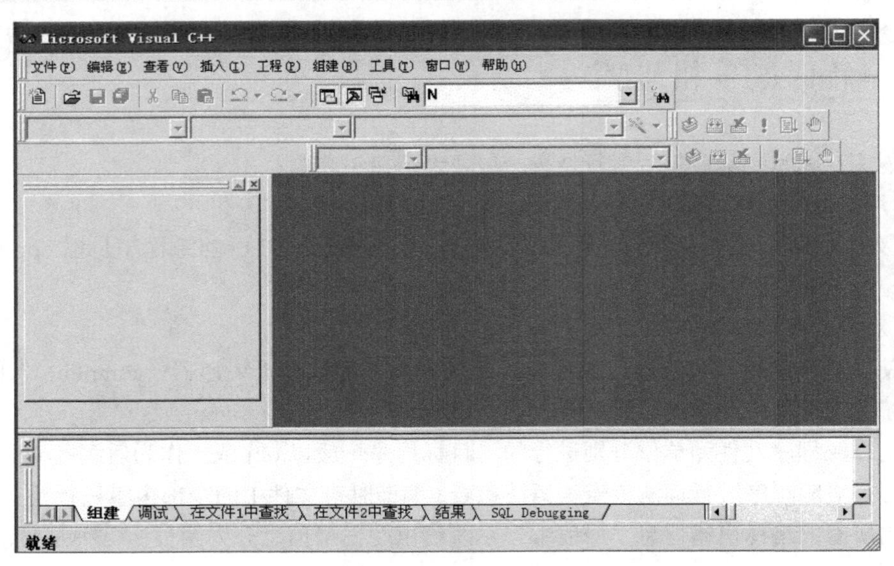

图 1-2 Visual C++ 6.0 界面

（2）单击“文件”菜单中的“新建”，弹出“新建”对话框，选择 Win32 Console Application，输入工程名称，如图 1-3 所示。

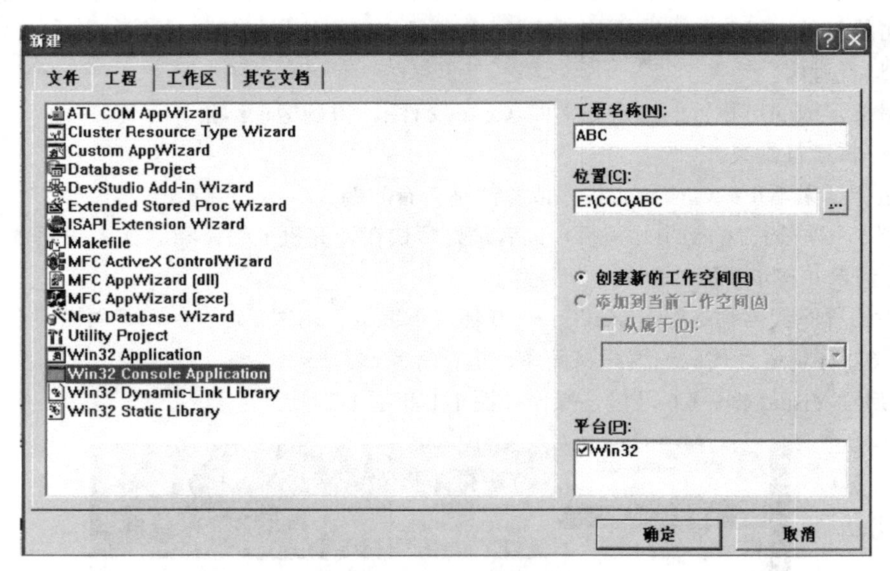

图 1-3 “新建”对话框

单击“确定”按钮，后面的对话框默认确定即可。

（3）再次单击“文件”菜单中的“新建”，弹出“新建”对话框，选择 C++ Source File，输入文件名，如图 1-4 所示。

（4）在“*.cpp”文件中编辑 C++源文件，如图 1-5 所示。

（5）单击“组建”菜单中的编译项进行源程序编译。如果编译成功，则单击“组建”菜单中的执行项进行程序的运行操作。

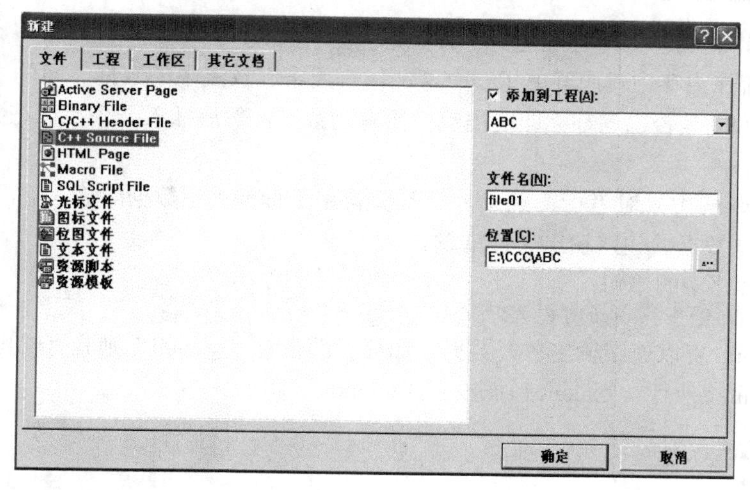

图 1-4　“新建”对话框

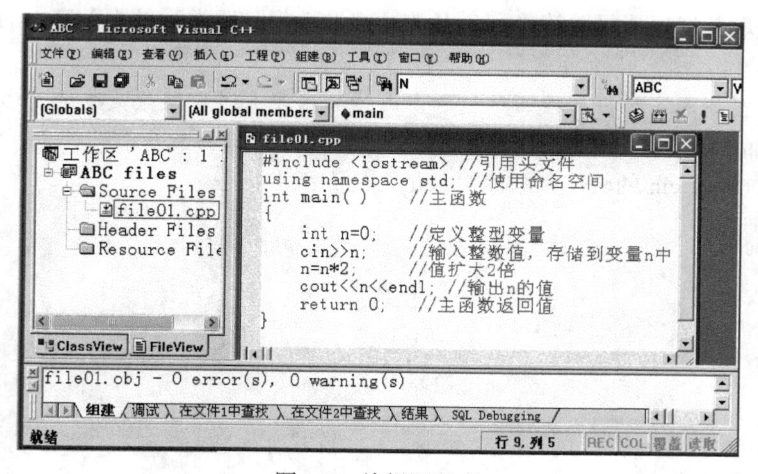

图 1-5　编辑源程序

1.3　数据的标准输入输出

在 C++中，输入输出流被定义为类。C++的 I/O 库中的类称为流类（stream class），用流类定义的对象称为流对象。

cout 和 cin 并不是 C++语言中提供的语句，它们是 iostream 类的对象，在未学习类和对象时，在不至于引起误解的前提下，为叙述方便，把它们称为 cout 语句和 cin 语句。

1.3.1　cout 输出流对象

ostream 类定义了一个输出流对象 cout。

cout 是 console output 的缩写，意为在控制台（终端显示器）上输出。

（1）cout 不是 C++预定义的关键字，而是 ostream 流类的对象，在 iostream 中定义。

（2）用“cout<<”输出基本类型的数据时，可以不必考虑数据是什么类型，系统会判断数据

的类型，并根据其类型选择调用与之匹配的运算符重载函数。

（3）cout 流在内存中对应开辟了一个缓冲区，用来存放流中的数据，当向 cout 流插入一个 endl 时，不论缓冲区是否已满都立即输出流中所有的数据，然后插入一个换行符并刷新流（清空缓冲区）。

（4）在 iostream 中只对“<<”和“>>”运算符用于标准类型数据的输入输出进行了重载，未对用户声明的类型数据的输入输出进行重载。

回顾例 1.2 程序中的语句：

```
cout<<a<<"+"<<b<<"="<<m<<endl;    //输出和 m 的值
```

注意一个 cout 可以连续输出多个数据。如果后面带有“<<endl”则具有输出后换行作用，如果输出数据后不希望换行，则 cout 后面没有“<<endl”即可。

1.3.2　cin 输入流对象

cin 是 iostream 类的对象，它从标准输入设备（键盘）获取数据，程序中的变量通过流提取符“>>”从流中提取数据。流提取符“>>”从流中提取数据时通常跳过输入流中的空格、Tab 键、换行符等空白字符。

注意：只有在输入完数据再按回车键后，该行数据才被送入键盘缓冲区，形成输入流，提取运算符“>>”才能从中提取数据。需要注意保证从流中读取数据能正常进行。

例 1.4　通过测试 cin 的真值判断流对象是否处于正常状态。

```
#include <iostream>
using namespace std;
int main()
{
    float grade;
    cout<<"enter grade:";
    while(cin>>grade)                    //能从 cin 流读取数据
    {
        if(grade>=60)
            cout<<grade<<"通过"<<endl;
        if(grade<60)
            cout<<grade<<"没通过"<<endl;
        cout<<"enter grade:";
    }
    cout<<"The end."<<endl;
    return 0;
}
```

运行情况如下：

```
enter grade: 67（回车）
67 通过
enter grade: 56（回车）
56 没通过
enter grade: ^Z（回车）                //键入文件结束符
The end.
```

1.4　基本数据类型

计算机处理的对象是数据，而数据是以某种特定的形式存在的（例如整数、浮点数、字符等形式)。不同的数据之间往往还存在某些联系（例如由若干个整数组成一个整数数组)。数据结构指的是数据的组织形式。例如数组就是一种数据结构。不同的计算机语言所允许使用的数据结构是不同的。处理同一类问题，如果数据结构不同，算法也会不同。例如，对 10 个整数排序和对包含 10 个元素的整型数组排序的算法是不同的。

C++可以使用的数据类型如图 1-6 所示。

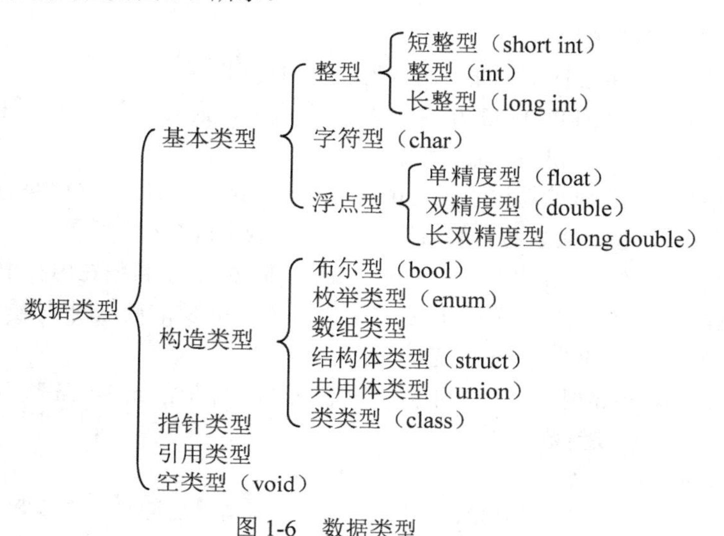

图 1-6　数据类型

C++的数据包括常量与变量，常量与变量都具有类型。由以上这些数据类型还可以构成更复杂的数据结构。例如利用指针和结构体类型可以构成表、树、栈等复杂的数据结构。

说明：

（1）整型数据分为长整型（long int)、整型（int）和短整型（short int)。在 int 前面加 long 和 short 分别表示长整型和短整型。

（2）数据的存储方式为按二进制数形式存储。

（3）在整型符号 int 和字符型符号 char 的前面可以加修饰符 signed（表示“有符号”）或 unsigned（表示“无符号”)。如果指定为 signed，则数值以补码形式存放，存储单元中的最高位（bit）用来表示数值的符号；如果指定为 unsigned，则数值没有符号，全部二进制位都用来表示数值本身。

（4）浮点型（又称实型）数据分为单精度（float)、双精度（double）和长双精度（long double）3 种，在 Visual C++ 6.0 中，对 float 提供 6 位有效数字，对 double 提供 15 位有效数字，并且 float 和 double 的数值范围不同。对 float 分配 4 个字节，对 double 和 long double 分配 8 个字节。

（5）类型关键字中有些是等价的，如 short 和 short int 等价、unsigned int 和 unsigned 等价。

1.5　常量与变量

1.5.1　常量

常量是在程序运行时不会被修改的量。常量分为不同的类型，如 25、0、-8 为整型常量，6.8、

-7.89 为实型常量，'a'、'b'为字符常量。常量一般从其字面形式即可判断，这种常量称为字面常量或直接常量。

1. 整型常量

整型数据可以分为 int、short int、long int、unsigned int、unsigned short、unsigned long 等类别，整型常量也分为以上类别。为什么将数值常量分为不同的类别呢？因为在进行赋值或函数的参数虚实结合时要求数据类型匹配。

那么，一个整型常量怎样从字面上区分为以上的类别呢？

- 一个整数，如果其值在-32768～+32767 范围内，则认为它是 short int 型，它可以赋值给 short int 型、int 型和 long int 型变量。
- 一个整数，如果其值超过了上述范围，而在-2147483648～+2147483647 范围内，则认为它是 long int 型，可以将它赋值给一个 int 型或 long int 型变量。
- 如果某一计算机系统的 C++版本确定 int 与 long int 型数据在内存中占据的长度相同，则它们能够表示的数值的范围相同。因此，一个 int 型常量也同时是一个 long int 型常量，可以赋给 int 型或 long int 型变量。
- 常量无 unsigned 型。但一个非负值的整数可以赋值给 unsigned 整型变量，只要它的范围不超过变量的取值范围即可。

一个整型常量可以用以下三种不同的方式表示：

- 十进制整数。如 1357、-432、0 等。在一个整型常量后面加一个字母 l 或 L，则认为是 long int 型常量，例如 123L、421L、0L 等，这往往用于函数调用中。如果函数的形参为 long int，则要求实参也为 long int 型，此时用 123 作实参不行，而要用 123L 作实参。
- 八进制整数。在常数的开头加一个数字 0，就表示这是以八进制数形式表示的常数。如 020 表示这是八进制数 20，即$(20)_8$，它相当于十进制数 16。
- 十六进制整数。在常数的开头加一个数字 0 和一个英文字母 X（或 x），就表示这是以十六进制数形式表示的常数。如 0X20 表示这是十六进制数 20，即$(20)_{16}$，它相当于十进制数 32。

2. 浮点型常量

一个浮点数可以用以下两种不同的方式来表示：

- 十进制小数形式。如 21.456、-7.98 等，它一般由整数部分和小数部分组成，可以省略其中之一（如 78.或.06、.0），但不能二者皆省略。C++编译系统把用这种形式表示的浮点数一律按双精度常量处理，在内存中占 8 个字节。如果在实数的数字之后加字母 F 或 f，表示此数为单精度浮点数，如 1234F、-43f，占 4 个字节；如果加字母 L 或 l，表示此数为长双精度数（long double），在 GCC 中占 12 个字节，在 Visual C++ 6.0 中占 8 个字节。
- 指数形式（即浮点形式）。一个浮点数可以写成指数形式，如 3.14159 可以表示为 0.314159×10^{1}、3.14159×10^{0}、31.4159×10^{-1}、314.159×10^{-2} 等形式，在程序中应表示为 0.314159e1、3.14159e0、31.4159e-1、314.159e-2，用字母 e 表示其后的数是以 10 为底的幂，如 e12 表示 10^{12}。要求 E（或者 e）前面必须满足数字小于 1，同时 E（或者 e）后面应该是整数。

3. 字符型常量

用单引号括起来的一个字符就是字符型常量。如'a'、'#'、'%'、'D'都是合法的字符常量，在内存中占一个字节。

注意：

①字符常量只能包括一个字符，如'AB'是不合法的。

②字符常量区分大小写字母，如'A'和'a'是两个不同的字符常量。

③撇号（'）是定界符，而不属于字符常量的一部分。如 cout<<'a';输出的是一个字母“a”，而不是 3 个字符“'a'”。

除了以上形式的字符常量外，C++还允许用一种特殊形式的字符常量，即以“\”开头的字符序列。例如，'\n'代表一个“换行”符。“cout<<'\n';”将输出一个换行，其作用与“cout<<endl;”相同。这种“控制字符”在屏幕上是不能显示的，在程序中也无法用一个一般形式的字符表示，只能采用特殊形式来表示。

常用的以“\”开头的特殊字符如表 1.1 所示。

表 1.1　转义字符表

转义字符	意义	ASCII 码值（十进制）
\b	退格（BS），将当前位置移到前一列	007
\n	换行（LF），将当前位置移到下一行开头	010
\r	回车（CR），将当前位置移到本行开头	013
\t	水平制表（HT），跳到下一个 Tab 位置	009
\\	代表一个反斜线字符'\'	092
\'	代表一个单引号（撇号）字符	039
\"	代表一个双引号字符	034
\0	空字符（NULL）	000
\ddd	1～3 位八进制数所代表的任意字符	三位八进制
\xhh	1～2 位十六进制数所代表的任意字符	二位十六进制

将一个字符常量存放到内存单元时，实际上并不是把该字符本身放到内存单元中去，而是将该字符相应的 ASCII 代码放到存储单元中。如果字符变量 c1 的值为'a'，c2 的值为'0'，则在变量中存放的是'a'的 ASCII 码 97 和'0'的 ASCII 码 48。

既然字符数据是以 ASCII 码存储的，它的存储形式就与整数的存储形式类似。这样，在 C++中字符型数据和整型数据之间就可以通用。一个字符数据可以赋给一个整型变量，反之，一个整型数据也可以赋给一个字符变量。也可以对字符数据进行算术运算，此时相当于对它们的 ASCII 码进行算术运算。

例 1.5　将字符赋给整型变量。

```
#include <iostream>
using namespace std;
int main()
{
    int   i=0,j=0;                          //i 和 j 是整型变量
    i='A';                                  //将一个字符常量赋给整型变量 i
    j='B';                                  //将一个字符常量赋给整型变量 j
```

```
    cout<<i<<"    "<<j<<'\n';          //输出整型变量 i 和 j 的值，'\n'是换行符
    return 0;
}
```

执行时输出：

```
65 66
```

例 1.6 字符数据与整数进行算术运算。下面程序的作用是将小写字母转换为大写字母。

```
#include <iostream>
using namespace std;
int main()
{
    char c1,c2;
    c1='a';
    c2='b';
    c1=c1-32;
    c2=c2-32;
    cout<<c1<<"    "<<c2<<endl;
    return 0;
}
```

运行结果为：

```
A B
```

说明：'a'的 ASCII 码为 97，'A'的 ASCII 码为 65，'b'的 ASCII 码为 98，'B'的 ASCII 码为 66。

4. 字符串常量

用双引号括起来的部分就是字符串常量，如"abc"、"Hello!"、"a+b"、"Li-ping"都是字符串常量。字符串常量"abc"在内存中占 4 个字节（而不是 3 个字节），如图 1-7 所示。

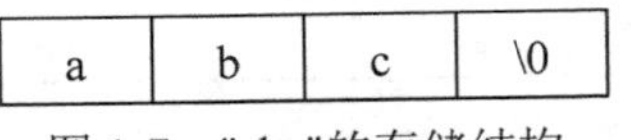

a	b	c	\0

图 1-7 "abc"的存储结构

编译系统会在字符串最后自动加一个'\0'作为字符串结束标志，但'\0'并不是字符串的一部分，它只作为字符串的结束标志。如 cout<<"abc"<<endl;输出 3 个字符 abc，而不包括'\0'。

注意："a"和'a'代表不同的含义，"a"是字符串常量，'a'是字符常量。前者占两个字节，后者占 1 个字节。

1.5.2 变量

什么是变量？在程序运行期间其值可以改变的量称为变量。一个变量应该有一个名字，并在内存中占据一定的存储单元，在该存储单元中存放变量的值。

现在介绍标识符的概念。和其他高级语言一样，用来标识变量、符号常量、函数、数组、类型等实体名字的有效字符序列称为标识符（identifier）。简单地说，标识符就是一个名字。变量名是标识符的一种，变量的名字必须遵循标识符的命名规则。

C++规定标识符只能由字母、数字和下划线 3 种字符组成，且第一个字符必须为字母或下划线。下面列出的是合法的标识符，也是合法的变量名：

sum、average、total、day、month、Student_name、tan、BASIC、li_ling

下面是不合法的标识符和变量名：

M.D.John、$123、#33、3G64、Ling l、C++、Zhang-ling、U.S.A.

注意：在C++中，大写字母和小写字母被认为是两个不同的字符，因此sum和SUM是两个不同的变量名。一般地，变量名用小写字母表示，与人们的日常习惯一致，以增加可读性。变量名不能与C++的关键字、系统函数名和类名相同。

如何定义变量呢？在C++语言中，要求对所有用到的变量作强制定义，也就是必须“先定义，后使用”。定义变量的一般形式为：

```
变量类型  变量名表列;
```

变量名表列指的是一个或多个变量名的序列，如：

```
float a,b,c,d,e;
```

定义a、b、c、d、e为单精度型变量，注意各变量间以逗号分隔，最后是分号。

可以在定义变量时指定它的初值，如：

```
float a=83.5,b,c=64.5,d=81.2,e;          //对变量a、c、d指定了初值，b和e未指定初值
```

C语言要求变量的定义应该放在所有的执行语句之前，而C++放松了限制，只要求在第一次使用该变量之前进行定义即可。也就是说，它可以出现在语句的中间，如：

```
int a;                    //定义变量a（在使用a之前定义）
a=3;                      //执行语句，对a赋值
float b;                  //定义变量b（在使用b之前定义）
b=4.67;                   //执行语句，对b赋值
char c;                   //定义变量c（在使用c之前定义）
c='A';                    //执行语句，对c赋值
```

1.6 运算符及表达式

C++的运算符十分丰富，使得C++的运算十分灵活方便。例如把赋值号（=）也作为运算符处理，这样a=b=c=4就是合法的表达式，这是与其他语言不同的地方。C++提供了以下运算符：

（1）算术运算符：+（加）、-（减）、*（乘）、/（除）、%（整除求余）、++（自加）、--（自减）。

（2）关系运算符：>（大于）、<（小于）、==（等于）、>=（大于或等于）、<=（小于或等于）、!=（不等于）。

（3）逻辑运算符：&&（逻辑与）、||（逻辑或）、!（逻辑非）。

（4）位运算符：<<（按位左移）、>>（按位右移）、&（按位与）、|（按位或）、∧（按位异或）、~（按位取反）。

（5）赋值运算符（=及其扩展赋值运算符）。

（6）条件运算符（?:）。

（7）逗号运算符（,）。

（8）指针运算符（*）。

（9）引用运算符和地址运算符（&）。

（10）求字节数运算符（sizeof）

（11）强制类型转换运算符（(类型)或类型()）。

（12）成员运算符（.）。

（13）指向成员的运算符（->）。

（14）下标运算符（[]）。

（15）其他（如函数调用运算符()）。

1.6.1 基本算术运算符

+：加法运算符或正值运算符，如 3+5、+3。

-：减法运算符或负值运算符，如 5-2、-3。

*：乘法运算符，如 3*5。

/：除法运算符，如 5/3。

%：模运算符，或称求余运算符，%两侧均应为整型数据，如 7%4 的值为 3。

需要说明的是，两个整数相除的结果为整数，如 5/3 的结果值为 1，舍去小数部分。但是，如果除数或被除数中有一个为负值，则舍入的方向是不固定的。例如，-5/3 在有的 C++系统上得到结果-1，有的 C++系统则给出结果-2。多数编译系统采取“向零取整”的方法，即 5/3 的值等于 1，-5/3 的值等于-1，取整后向零靠拢。

如果参加+、-、*、/运算的两个数中有一个数为 float 型数据，则运算的结果是 double 型，因为 C++在运算时对所有 float 型数据都按 double 型数据处理。

1.6.2 算术表达式和运算符的优先级与结合性

用算术运算符和括号将运算对象（也称操作数）连接起来的、符合 C++语法规则的式子称为 C++算术表达式，运算对象包括常量、变量、函数等。例如，下面是一个合法的 C++算术表达式：

a*b/c-1.5+'a'

C++语言规定了运算符的优先级和结合性。在求解表达式时，先按运算符的优先级别高低次序执行，例如先乘除后加减。如有表达式 a-b*c，b 的左侧为减号，右侧为乘号，而乘号优先于减号，因此相当于 a-(b*c)。如果在一个运算对象两侧的运算符的优先级别相同，如 a-b+c，则按规定的“结合方向”处理。

C++规定了各种运算符的结合方向（结合性），算术运算符的结合方向为“自左至右”，即先左后右，因此 b 先与减号结合，执行 a-b 的运算，再执行加 c 的运算。“自左至右的结合方向”又称“左结合性”，即运算对象先与左面的运算符结合。以后可以看到有些运算符的结合方向为“自右至左”，即右结合性（例如赋值运算符）。关于“结合性”的概念在其他一些高级语言中是没有的，这是 C 和 C++的特点之一，希望能弄清楚。附录中列出了所有运算符以及它们的优先级别和结合性。

1.6.3 表达式中各类数值型数据间的混合运算

在表达式中经常遇到不同类型数据之间进行运算，如：

10+'a'+1.5-8765.1234*'b'

在进行运算时，不同类型的数据要先转换成同一类型，然后再进行运算。转换的规则如图 1-8 所示。

假设已指定 i 为整型变量，f 为 float 变量，d 为 double 型变量，e 为 long 型，有表达式：

10+'a'+i*f-d/e

运算次序为：①进行 10+'a'的运算，先将'a'转换成整数 97，运算结果为 107；②进行 i*f 的运算，先将 i 与 f 都转换成 double 型，运算结果为 double 型；③整数 107 与 i*f 的积相加，先将整数 107 转换成双精度数（小数点后加若干个 0，即 107.000…00），结果为 double 型；④将变量 e 转换成

double型，d/e的结果为double型；⑤将10+'a'+i*f的结果与d/e的商相减，结果为double型。

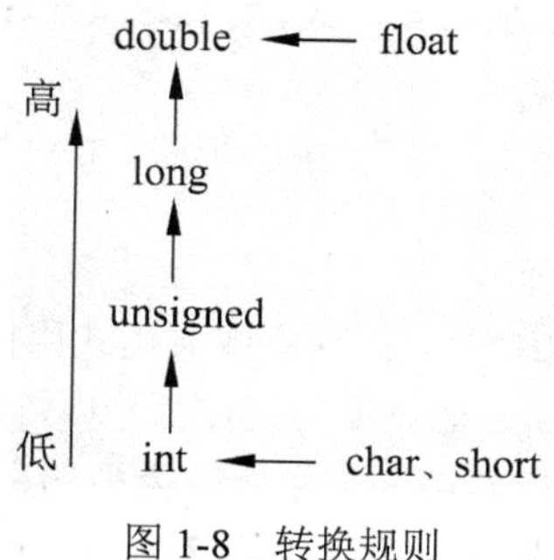

图1-8 转换规则

上述的类型转换是由系统自动进行的。

1.6.4 自增和自减运算符

在C和C++中，常在表达式中使用自增（++）和自减（--）运算符，它们的作用是使变量的值增1或减1，如：

++i：在使用i之前，先使i的值加1，如果i的原值为3，则执行j=++i后，j的值为4。

--i：在使用i之前，先使i的值减1，如果i的原值为3，则执行j=--i后，j的值为2。

i++：在使用i之后，使i的值加1，如果i的原值为3，则执行j=i++后，j的值为3，然后i变为4。

i--：在使用i之后，使i的值减1，如果i的原值为3，则执行j=i--后，j的值为3，然后i变为2。

++i是先执行i=i+1后再使用i的值，而i++是先使用i的值后再执行i=i+1。

正确地使用++和--，可以使程序简洁、清晰、高效。

注意：

①自增运算符（++）和自减运算符（--）只能用于变量，不能用于常量或表达式。

②++和--的结合方向是"自右至左"。

③自增运算符（++）和自减运算符（--）使用十分灵活，但在很多情况下可能出现歧义性，产生"意想不到"的副作用。

④自增（减）运算符在C++程序中是经常见到的，常用于循环语句中，使循环变量自动加（减）1。也用于指针变量，使指针指向下一个地址。

1.6.5 强制类型转换运算符

在表达式中不同类型的数据会自动地转换类型，以进行运算。有时程序编制者还可以利用强制类型转换运算符将一个表达式转换成所需类型，例如：

(double)a：将a转换成double类型。

(int)(x+y)：将x+y的值转换成整型。

(float)(5%3)：将5%3的值转换成float型。

强制类型转换的一般形式为：

```
(类型名)(表达式)
```

注意：如果要进行强制类型转换的对象是一个变量，该变量可以不用括号括起来；如果要进行强制类型转换的对象是一个包含多项的表达式，则表达式应该用括号括起来。如果写成：(int)x+y，则只将 x 转换成整型，然后与 y 相加。

以上强制类型转换的形式是原来 C 语言使用的形式，C++把它保留了下来，以利于兼容。C++还增加了以下形式：

```
类型名(表达式)
```

如 int(x)或 int(x+y)，类型名不加括号，而变量或表达式用括号括起来。这种形式类似于函数调用。但许多人仍习惯于用第一种形式，把类型名包在括号内，这样比较清楚。

需要说明的是，在强制类型转换时得到一个所需类型的中间变量，但原来变量的类型未发生变化。例如：(int)x，如果 x 原指定为 float 型，值为 3.6，进行强制类型运算后得到一个 int 型的中间变量，它的值等于 3，而 x 原来的类型和值都不变。

例 1.7 强制类型转换。

```
#include <iostream>
using namespace std;
int main()
{
    float x;
    int i;
    x=3.6;
    i=(int)x;
    cout<<"x="<<x<<",i="<< i<<endl;
    return 0;
}
```

运行结果如下：

```
x=3.6,i=3
```

x 的型仍为 float 型，值仍等于 3.6。

由上可知，有两种类型转换：一种是在运算时不必用户指定，系统自动进行的类型转换，如 3+6.5；另一种是强制类型转换。当自动类型转换不能实现目的时，可以用强制类型转换。此外，在函数调用时，有时为了使实参与形参类型一致，可以用强制类型转换运算符得到一个所需类型的参数。

1.6.6 赋值运算符

赋值符号“=”就是赋值运算符，它的作用是将一个数据赋给一个变量。如“a=3”的作用是执行一次赋值操作（或称赋值运算），把常量 3 赋给变量 a。也可以将一个表达式的值赋给一个变量。

1.6.7 赋值过程中的类型转换

如果赋值运算符两侧的类型不一致，但都是数值型或字符型时，在赋值时会自动进行类型转换。

（1）将浮点型数据（包括单、双精度）赋给整型变量时，舍弃其小数部分。

（2）将整型数据赋给浮点型变量时，数值不变，但以指数形式存储到变量中。

（3）将一个 double 型数据赋给 float 变量时，要注意数值范围不能溢出。

（4）将字符型数据赋给整型变量，将字符的 ASCII 码赋给整型变量。

（5）将一个 int、short 或 long 型数据赋给一个 char 型变量，只将其低 8 位原封不动地送到

char 型变量（发生截断）。例如：

```
short int i=289;
char c;
c=i;            //将一个 int 型数据赋给一个 char 型变量
```

1.6.8　复合赋值运算符

在赋值符“=”之前加上其他运算符可以构成复合运算符。如果在“=”前加一个“+”运算符则成了复合运算符“+=”。例如可以有：

a+=3　　等价于　　a=a+3

x*=y+8　等价于　　x=x*(y+8)

x%=3　　等价于　　x=x%3

以“a+=3”为例来说明，它相当于使 a 进行一次自加 3 的操作。即先使 a 加 3，再赋给 a。同样，“x*=y+8”的作用是使 x 乘以(y+8)，再赋给 x。

为了便于记忆，可以这样理解：

（1）a+=b：其中 a 为变量，b 为表达式。

（2）<u>a+</u>=b：将有下划线的“a+”移到“=”右侧。

（3）a=a +b：在“=”左侧补上变量名 a。

注意：如果 b 是包含若干项的表达式，则相当于它有括号，如：

x%=y+3

x%=(y+3)

x=x%(y+3)（不要错认为 x=x%y+3）

凡是二元（二目）运算符，都可以与赋值符一起组合成复合赋值符。C++可以使用的复合赋值运算符有：+=、-=、*=、/=、%=、<<=、>>=、&=、∧=和|=。

其中后 5 种是有关位运算的。

1.6.9　赋值表达式

由赋值运算符将一个变量和一个表达式连接起来的式子称为“赋值表达式”，它的一般形式为：

```
<变量> <赋值运算符> <表达式>
```

如“a=5”是一个赋值表达式。对赋值表达式求解的过程是：先求赋值运算符右侧的“表达式”的值，然后赋给赋值运算符左侧的变量。一个表达式应该有一个值。赋值运算符左侧的标识符称为“左值”(left value，简写为 lvalue)。并不是所有对象都可以作为左值，变量可以作为左值，而表达式 a+b 就不能作为左值，常变量也不能作为左值，因为常变量不能被赋值。

出现在赋值运算符右侧的表达式称为“右值”(right value，简写为 rvalue)。显然左值也可以出现在赋值运算符右侧，因而左值都可以作为右值，如：

```
int a=3,b,c;
b=a;                //b 是左值
c=b;                //b 也是右值
```

赋值表达式中的“表达式”又可以是一个赋值表达式，如：

```
a=(b=5)
```

下面是赋值表达式的例子。

a=b=c=5：赋值表达式值为 5，a、b、c 值均为 5。

a=5+(c=6)：表达式值为 11，a 值为 11，c 值为 6。

a=(b=4)+(c=6)：表达式值为 10，a 值为 10，b 值为 4，c 值为 6。

a=(b=10)/(c=2)：表达式值为 5，a 值为 5，b 值为 10，c 值为 2。

请分析下面的赋值表达式：

(a=3*5)=4*3

赋值表达式作为左值时应该加括号，如果写成下面这样就会出现语法错误：

a=3*5=4*3

因为 3*5 不是左值，不能出现在赋值运算符的左侧。

赋值表达式也可以包含复合赋值运算符，如：

a+=a-=a*a

也是一个赋值表达式。如果 a 的初值为 12，此赋值表达式的求解步骤如下：

（1）进行“a-=a*a”的运算，相当于 a=a-a*a=12-144=-132。

（2）再进行“a+=-132”的运算，相当于 a=a+(-132)=-132-132=-264。

1.6.10 逗号运算符与逗号表达式

C++将赋值表达式作为表达式的一种，使赋值操作不仅可以出现在赋值语句中，而且可以以表达式形式出现在其他语句中，这是 C++语言灵活性的一种表现。

请注意，用 cout 语句输出一个赋值表达式的值时，要将该赋值表达式用括号括起来，如果写成“cout<<a=b;”将会出现编译错误。

C++提供了一种特殊的运算符——逗号运算符，用它将两个表达式连接起来，如：

3+5,6+8

称为逗号表达式，又称为“顺序求值运算符”。逗号表达式的一般形式为：

```
表达式 1,表达式 2
```

逗号表达式的求解过程是：先求解表达式 1，再求解表达式 2。整个逗号表达式的值是表达式 2 的值。如逗号表达式：

a=3*5,a*4

从附录可知：赋值运算符的优先级别高于逗号运算符，因此应先求解 a=3*5（也就是把“a=3*5”作为一个表达式）。经过计算和赋值后得到 a 的值为 15，然后求解 a*4，得 60。整个逗号表达式的值为 60。

一个逗号表达式又可以与另一个表达式组成一个新的逗号表达式，如：

(a=3*5,a*4),a+5

逗号表达式的一般形式可以扩展为：

```
表达式 1,表达式 2,表达式 3,…,表达式 n
```

它的值为表达式 n 的值。

从附录可知，逗号运算符是所有运算符中级别最低的。因此，下面两个表达式的作用是不同的：

x=(a=3,6*3)

x=a=3,6*a

其实，逗号表达式无非是把若干个表达式“串联”起来。在许多情况下，使用逗号表达式的目的只是想分别得到各个表达式的值，而并不一定需要得到和使用整个逗号表达式的值，逗号表达式最常用于循环语句（for 语句）中，详见第 3 章。

在用 cout 输出一个逗号表达式的值时，要将该逗号表达式用括号括起来，如：

```
cout<<(3*5,43-6*5,67/3)<<endl;
```

C 和 C++语言表达能力强，其中一个重要方面就在于它的表达式类型丰富、运算符功能强，因而使用灵活、适应性强。

1.7　实训任务　C++语言语法基础

实训目的：

1．熟练掌握 C++编程规范。

2．掌握常量的表示方法。

3．掌握变量的应用。

4．掌握运算符及表达式的应用。

5．掌握标准输入输出对象的应用。

实训环境：

Visual C++ 6.0

实训内容：

1．利用输出对象编写程序，用格式控制符打印如图 1-9 所示的图形。

```
*
***
*****
*******
```

图 1-9　打印图形

2．输入两个值表示长方形的长和宽，输出周长和面积。

3．输入三个非零的一位正整数，按顺序求出对应的三位数，然后输出。例如输入 1、2、3，应输出 123。

4．求一元二次方程 $3x^2 + 5x - 1 = 0$ 的实根。

2

程序设计结构

使用 C++既可以完成面向过程的程序设计，又可以完成面向对象的程序设计。

在面向过程的程序设计过程中，结构化程序设计思想十分重要。那么，什么是结构化程序设计思想呢？早在 1965 年，世界著名的计算机科学家 Dijikstra 提出了结构化程序设计思想，这是软件发展的一个重要的里程碑，其核心意思是：使用“三种基本控制结构”构造程序，任何程序都可以由顺序、选择、循环这三种基本控制结构来构造。

结构化程序设计思想主要强调的是程序的易读性，本章就来介绍程序设计的三种基本结构：顺序结构、选择结构、循环结构。

2.1 顺序结构

顺序结构是最简单的程序结构，也是最常用的程序结构，只要按照解决问题各步骤的先后顺序书写出相应的语句即可。它的执行顺序是自上而下依次执行的，程序的执行顺序就是语句的书写顺序。下面来看一个简单的例子。

例 2.1 编写程序求 1+2+3+…+10 的和，将结果输出。

```
#include "iostream"
using namespace std;
int main()
{
    int sum=0;
    sum=sum+1;
    sum=sum+2;
    sum=sum+3;
    sum=sum+4;
    sum=sum+5;
    sum=sum+6;
    sum=sum+7;
    sum=sum+8;
    sum=sum+9;
    sum=sum+10;
    cout<<"运算结果为："<<sum<<endl;

    return 0;
}
```

在上述程序中，使用了10条加法语句，分别加上1、2、3、…、10，最后得到运算结果。像这样，通过对程序中语句的逐条执行最终得到结果的情形，我们称之为顺序结构的程序设计。类似地，再来看一个例子。

例 2.2 编写程序求算式15+23-17+6-8-2+67-34+10-25的结果，并将结果值输出。

```
#include "iostream"
using namespace std;
int main()
{
    int result=0;
    result=result+15;
    result=result+23;
    result=result-17;
    result=result+6;
    result=result-8;
    result=result-2;
    result=result+67;
    result=result-34;
    result=result+10;
    result=result-25;
    cout<<"运算结果为："<<result<<endl;
    return 0;
}
```

2.2 选择结构

选择结构表示程序的处理流程出现了分支，它需要根据某一特定的条件选择其中的一个分支执行。选择结构有单选择、双选择和多选择三种形式。

在选择结构中，程序在运行时具体执行哪一分支是由执行条件决定的，所谓的“条件”在程序中往往以关系表达式、逻辑表达式的形式给出，因此我们先来介绍关系表达式和逻辑表达式。

2.2.1 关系运算符和关系表达式

1. 关系运算符

关系运算符共有6种：<（小于）、<=（小于或等于）、>（大于）、>=（大于或等于）、==（等于）和!=（不等于）。

2. 关系运算符的优先级

（1）运算符<、<=、>、>=的优先级别相同，运算符==、!=的优先级别相同。运算符<、<=、>、>=的优先级别高于运算符==、!=。例如>优先于==，而>与<优先级相同。

（2）关系运算符的优先级低于算术运算符。

（3）关系运算符的优先级高于赋值运算符。

例如：

```
z>x+y     等效于     z>(x+y)
x>y==z    等效于     (x>y)==z
x==y<z    等效于     x==(y<z)
x=y>z     等效于     x=(y>z)
```

3. 关系表达式

关系表达式的一般形式如下：

```
表达式  关系运算符  表达式
```

其中的“表达式”可以是算术表达式、关系表达式、逻辑表达式、赋值表达式、字符表达式，例如下面都是合法的关系表达式：

x>y、x+y>y+z、(x==2)>(y==4)、'x'<'y'、(x>y)>(y<z)

4. 关系表达式的值

关系表达式的值是一个逻辑值，即“真”或“假”。例如，关系表达式“5==3”的值为“假”，“2>=0”的值为“真”。

说明：在C和C++中都用数值1代表“真”，用0代表“假”。

若已设定x=3，y=2，z=1，则有以下赋值表达式：

res1=x>y　　res1得到的值为1

res2=x>y>z　res2得到的值为0

2.2.2 逻辑常量和逻辑变量

C++增加了逻辑型数据。逻辑型常量只有两个，即false（假）和true（真）。

逻辑型变量要用类型标识符bool来定义，它的值只能是true和false之一。例如：

```
bool x=true,y;            //定义逻辑变量x和y，并使x的初值为true
x=false;                  //将逻辑常量false赋给逻辑变量x
```

由于逻辑变量是用关键字bool来定义的，因此又称为布尔变量。逻辑型常量又称为布尔常量。所谓逻辑型，就是布尔型。

在编译系统处理逻辑型数据时，将false处理为0，将true处理为1。因此，逻辑型数据可以与数值型数据进行算术运算。例如：

```
x=12;                     //赋值后x的值为true
cout<<x;
```

输出为数值1。这是因为一个非零的整数赋给逻辑型变量按“真”即true处理，而编译系统在处理逻辑型数据时又将true处理为1。

2.2.3 逻辑运算符和逻辑表达式

1. 逻辑运算符

逻辑运算符共有3种：&&（逻辑与）、||（逻辑或）和!（逻辑非）。

逻辑运算符使用规则如下：

x &&y：若x、y为真，则x && y结果为真。

x||y：若x、y之一为真，则x||y结果为真。

!x：若x为真，则!x为假。

2. 逻辑运算符的优先级

!（非）>&&（与）>||（或），即逻辑运算符“!”为三者中优先级别最高的。逻辑运算符中的&&和||优先级别低于关系运算符，逻辑运算符!的优先级别高于算术运算符。例如：

(x>y)&&(a>b)　　可写成　　x>y&&a>b

(x==y)||(a==b)　　可写成　x==y||a==b

(!x)||(y>z)　　可写成　!x||y>z

3. 逻辑表达式

逻辑表达式的一般形式如下：

```
表达式  逻辑运算符  表达式
```

例如下面都是合法的逻辑表达式：

(x!=0)&&(y<z)、(x==2)||(y<=4)

4. 逻辑表达式的值

逻辑表达式的值是一个逻辑量“真”或“假”。在判断一个逻辑量是否为“真”时，采取的标准是：如果其值是0就认为是“假”，如果其值是非0就认为是“真”。例如：

（1）若x=2，则!x的值为0。因为x值为2，非0，为“真”，对它进行“非”运算，得“假”，“假”以0代表。

（2）若x=2，y=3，则x&&y的值为1。因为x和y均为非0，被认为是“真”。

（3）若x=2，y=3，则x-y||x+y的值为1。因为x-y和x+y的值都为非零值。

（4）若x=2，y=3，则!x||y的值为1。

（5）3&&0||5的值为1。

说明：

（1）在C++中，整型数据可以出现在逻辑表达式中，在进行逻辑运算时，根据整型数据的值是0或非0把它作为逻辑量假或真，然后参加逻辑运算。

（2）逻辑运算结果不是0就是1，不可能是其他数值。而在逻辑表达式中作为参加逻辑运算的运算对象可以是0（“假”）或任何非0的数值（按“真”对待）。如果在一个表达式中的不同位置上出现数值，应区分哪些是作为数值运算或关系运算的对象，哪些是作为逻辑运算的对象。

（3）逻辑运算符两侧的表达式不但可以是关系表达式或整数（0和非0），也可以是任何类型的数据，如字符型、浮点型、指针型等。系统最终以0和非0来判定它们属于“真”还是“假”。例如'a'&&'b'的值为1。

2.2.4 选择结构和if语句

根据某个条件是否满足来决定是否执行指定的操作任务，或者从给定的两种或多种操作中选择其一，这就是选择结构要解决的问题。在C++中if语句是实现选择结构的主要语句。

1. if语句的三种用法

用法一：

```
if (表达式) 语句
```

用法解析：若“表达式”值为真则执行“语句”。

例如：

```
if (x>y) cout<<x<<endl;
```

表示若x的值大于y的值则输出x的值，否则没有输出。

用法二：

```
if (表达式) 语句1
else 语句2
```

用法解析：若“表达式”值为真则执行“语句1”，否则执行“语句2”。

例如：

```
if (x>y) cout<<x;
else   cout<<y;
```

表示若 x 的值大于 y 的值则输出 x 的值，否则输出 y 的值。

用法三：

```
if (表达式 1)  语句 1
else if (表达式 2)  语句 2
else if (表达式 3)  语句 3
…
else if (表达式 m)  语句 m
else  语句 n
```

用法解析：若“表达式 1”的值为真则执行“语句 1”，否则判断“表达式 2”，若“表达式 2”的值为真则执行“语句 2”，否则判断“表达式 3”，依此类推，若“表达式 m”的值为真则执行“语句 m”，否则执行“语句 n”。

例如：

```
if (x>5000) y=0.3;
else if (x>3000) y=0.2;
else if (x>1000) y=0.1;
else y=0;
```

表示若 x 的值大于 5000 则 y 值为 0.3，若 x 的值小于 5000 并且大于 3000 则 y 值为 0.2，若 x 的值小于 3000 并且大于 1000 则 y 值为 0.1，若 x 的值小于 1000 则 y 值为 0。

说明：

（1）三种用法的 if 语句都是由一个入口进来，经过对“表达式”的判断分别执行相应的语句，最后归到一个共同的出口。

（2）三种用法的 if 语句中在 if 后面都有一个用括号括起来的表达式，它是程序编写者要求程序判断的“条件”，一般是逻辑表达式或关系表达式。

（3）在 if 和 else 后面可以只含一个内嵌的操作语句（此时可以省略花括号“{}”），也可以有多个操作语句，此时必须用花括号“{}”将几个语句括起来成为一个复合语句。

例 2.3　输入 3 个整数，判断其中最大者并输出。

```
#include <iostream>
using namespace std;
int main()
{
    int a,b,c,max;
    cout<<"please enter a,b,c:";
    cin>>a>>b>>c;
    if(a>b && a>c)
        max=a;
    else if(b>c && b>a)
        max=b;
    else
        max=c;
    cout<<"max="<<max<<endl;        //输出最大值
    return 0;
}
```

运行情况如下：

```
please enter a,b,c:3 9 8↙
max=9
```

2. if语句的嵌套

在if语句中又包含一个或多个if语句称为if语句的嵌套，一般形式如下：

```
if()
    if() 语句1
    else 语句2
else
    if() 语句3
    else 语句4
```

“语句1、2”对应的if/else语句内嵌在语句if中，“语句3、4”对应的if/else语句内嵌在语句else中。

注意：if与else的配对关系。else总是与它上面最近的且未配对的if配对。假如写成：

```
if() ————①
    if()语句1 ————②
else————?
    if()语句2
    else 语句3
```

则“? ”对应的else语句与哪个if语句配对？答案为与标号②的if语句配对。若采用上述语句的书写格式，容易造成程序易读性差，所以如果if与else的数目不一样，为实现程序设计者的企图，可以加花括号来确定配对关系，如下：

```
if()
    { if () 语句1}          //这个语句是上一行if语句的内嵌if
else 语句2                  //本行与第一个if配对
```

这时{}限定了内嵌if语句的范围，{}外的else不会与{}内的if配对。关系清楚，不易出错。

2.2.5 条件运算符和条件表达式

条件运算符要求有三个操作对象，称三目（元）运算符，它是C++中唯一的一个三目运算符。条件表达式的一般形式如下：

```
表达式1？表达式2：表达式3
```

条件运算符的执行顺序是：先求解表达式1，若为非0（真）则求解表达式2，此时表达式2的值就作为整个条件表达式的值；若表达式1的值为0（假），则求解表达式3，表达式3的值就是整个条件表达式的值。例如：

```
max=(x>y)?x:y;
```

如果(x>y)条件为真，则条件表达式的值就取“?”后面的值，即条件表达式的值为x，否则条件表达式的值为“:”后面的值，即y。“max=(x>y)?x:y”的执行结果是将条件表达式的值赋给max。也就是将x和y二者中的大者赋给max。

说明：

（1）条件运算符优先于赋值运算符，因此上面赋值表达式的求解过程是先求解条件表达式，再将它的值赋给max。

（2）条件表达式也可以使用if/else语句替代，如下：

```
if (x>y) max=x;
else max=y;
```

（3）条件表达式中，表达式 1 的类型可以与表达式 2 和表达式 3 的类型不同，如下：

```
X ? 'a' : 'b'
```

如果已定义 x 为整型变量，若 x=0，则条件表达式的值为字符'b'的 ASCII 码。

例 2.4 输入一个字符，判断它是否为小写字母，如果是，将它转换成大写字母；如果不是，不转换，然后输出最后得到的字符。

```
#include <iostream>
using namespace std;
int main()
{
    char ch;
    cin>>ch;
    ch=(ch>='a' && ch<='z')?(ch-32):ch;      //判断 ch 是否为小写字母，是则转换
    cout<<ch<<endl;
    return 0;
}
```

2.2.6 多分支选择结构和 switch 语句

switch 语句是多分支选择语句，用来实现多分支选择结构。它的一般形式如下：

```
switch(表达式)
{   case 常量表达式 1: 语句 1
    case 常量表达式 2: 语句 2
      ...
    case 常量表达式 n: 语句 n
    default: 语句 n+1
}
```

例如要求按照四季拼音首字母打印出四季的英文单词，可以用 switch 语句实现，如下：

```
switch(season)
{ case 'c': cout<<"Spring\n";
  case 'x': cout<<"Summer\n";
  case 'q': cout<<"Autumn\n";
  case 'd': cout<<"Winter\n";
  default: cout<<"Error\n";
}
```

说明：

（1）switch 后面括号内的“表达式”允许为任何类型。

（2）当 switch 表达式的值与某一个 case 子句中的常量表达式的值相匹配时，就执行此 case 子句中的内嵌语句，若所有的 case 子句中的常量表达式的值都不能与 switch 表达式的值匹配，则执行 default 子句的内嵌语句。

（3）每一个 case 表达式的值必须互不相同，否则就会出现互相矛盾的现象（对表达式的同一个值，有两种或多种执行方案）。

（4）各个 case 和 default 的出现次序不影响执行结果。例如，可以先出现“default:…”，再出现“case 'd':…”，然后是“case 'q':…”。

（5）执行完一个 case 子句后，流程控制转移到下一个 case 子句继续执行。“case 常量表达式”只是起语句标号作用，并不是在该处进行条件判断。在执行 switch 语句时，根据 switch 表达式的值找到与之匹配的 case 子句，就从此 case 子句开始执行下去，不再进行判断。例如上面的例子中，若 season 的值等于'c'，则将连续输出：

```
Spring
Summer
Autumn
Winter
Error
```

因此，应该在执行一个 case 子句后使流程跳出 switch 结构，即终止 switch 语句的执行。可以用一个 break 语句来达到此目的。将上面的 switch 结构改写如下：

```
switch(season)
 { case 'c': cout<<"Spring\n";break;
   case 'x': cout<<"Summer\n";break;
   case 'q': cout<<"Autumn\n";break;
   case 'd': cout<<"Winter\n";break;
   default: cout<<"Error\n";break;
 }
```

最后一个子句（default）可以不加 break 语句。如果 season 的值为'x'，则只输出 Summer。

在 case 子句中虽然包含一个以上的执行语句，但可以不必用花括号括起来，会自动顺序执行本 case 子句中所有的执行语句。

（6）多个 case 可以共用一组执行语句，如下：

```
...
case 'c':
case 'x':
case 'q':
case 'd':
case 's':   cout<<"season\n";break;
...
```

当 season 的值为'c'、'x'、'q'或'd'时都执行同一组语句。

2.2.7 编写选择结构的程序

例 2.5 输入一个百分制的成绩，编写程序输出其对应的等级。90 分以上为 A 等级，80～89 分为 B 等级，70～79 分为 C 等级，60～69 分为 D 等级，60 分以下为 E 等级。

```
#include "iostream"
using namespace std;
int main()
  { float score;
    char grade;
    cout<<"请输入学生成绩：";
    cin>>score;
    while (score>100||score<0)
    {
      cout<<"\n 输入有误，请重输";
      cin>>score;
    }
    switch((int)(score/10))
    {
      case 9: grade='A';break;
      case 8: grade='B';break;
      case 7: grade='C';break;
      case 6: grade='D';break;
      case 0: grade='E';break;
    }
```

```
    cout<<"成绩是"<<score<<"，相应的等级是"<<grade<<endl;
    return 0;
}
```

例 2.6 输入一个不多于 5 位的正整数，编写程序完成以下任务：

（1）求出它是几位数。

（2）分别输出它的每一位数字。

（3）按照逆序输出它的各个位数字，例如原数为 567，应输出 765。

```
#include "iostream"
using namespace std;
int main()
{
  int num,indiv,ten,hundred,thousand,ten_thousand,place;          //分别表示个位、十位、百位、千位、万位和位数
  cout<<"请输入一个整数（0～99999）：";
  cin>>num;
  if (num>9999)
       place=5;
  else if (num>999)
       place=4;
  else if (num>99)
       place=3;
  else if (num>9)
       place=2;
  else place=1;
  cout<<"位数："<<place<<endl;
  cout<<"每位数字为：";
  ten_thousand=num/10000;
  thousand=(int)(num-ten_thousand*10000)/1000;
  hundred=(int)(num-ten_thousand*10000-thousand*1000)/100;
  ten=(int)(num-ten_thousand*10000-thousand*1000-hundred*100)/10;
  indiv=(int)(num-ten_thousand*10000-thousand*1000-hundred*100-ten*10);
  switch(place)
     {case 5:cout<<ten_thousand<<","<<thousand<<","<<hundred<<","<<ten<<","<<indiv<<endl;
        cout<<"\n 反序数字为：";
        cout<<indiv<<","<<ten<<","<<hundred<<","<<thousand<<","<<ten_thousand<<endl;
        break;
      case 4:cout<<thousand<<","<<hundred<<","<<ten<<","<<indiv<<endl;
        cout<<"\n 反序数字为：";
        cout<<indiv<<","<<ten<<","<<hundred<<","<<thousand<<endl;
        break;
      case 3:cout<<hundred<<","<<ten<<","<<indiv<<endl;
        cout<<"\n 反序数字为：";
        cout<<indiv<<","<<ten<<","<<hundred<<endl;
        break;
      case 2:cout<<ten<<","<<indiv<<endl;
        cout<<"\n 反序数字为：";
        cout<<indiv<<","<<ten<<endl;
        break;
      case 1:cout<<indiv<<endl;
        cout<<"\n 反序数字为：";
        cout<<indiv<<endl;
        break;
      }
  return 0;
}
```

2.3 循环结构

2.3.1 循环结构和循环语句

前面介绍了程序中常用的顺序结构和选择结构，但只有这两种结构是不够的，例如人们在处理问题的过程中经常遇到需要反复执行某一操作的情况，这就需要用到循环结构。

1. 用 while 语句构成循环

while 语句的一般形式如下：

```
while (表达式) 语句
```

用法解析：当“表达式”的值为真（非 0）时，执行 while 语句中的内嵌语句。其特点是先判断表达式，后执行语句。while 循环称为当型循环。

例 2.7 求 1+3+5+…+99。

```
#include <iostream>
using namespace std;
int main()
{ int i=1,sum=0;
  while (i<=99)
  { sum=sum+i;
    i=i+2;
  }
  cout<<"sum="<<sum<<endl;
}
```

运行结果为：

```
sum=2500
```

注意：

①循环体如果包含一个以上的语句，应该用花括号括起来，以复合语句形式出现。如果不加花括号，则 while 语句的范围只到 while 后面第一个分号处。

②在循环体中应有使循环趋向于结束的语句。

2. 用 do-while 语句构成循环

do-while 语句的特点是先执行循环体，然后判断循环条件是否成立。其一般形式为：

```
do
  语句
while (表达式);
```

用法解析：先执行一次指定的语句（即循环体），然后判断表达式，当表达式的值为真（非 0）时，返回重新执行循环体语句，如此反复，直到表达式的值为假（0）为止，此时循环结束。

例 2.8 用 do-while 语句求 1+3+5+…+99。

```
#include <iostream>
using namespace std;
int main()
{ int i=1,sum=0;
  do
  { sum=sum+i;
    i=i+2;
  }while (i<=99);
  cout<<"sum="<<sum<<endl;
```

```
    return 0;
}
```

运行结果与例 2.7 相同。

3. 用 for 语句构成循环

C++中的 for 语句使用最为广泛和灵活，不仅可以用于循环次数已经确定的情况，而且可以用于循环次数不确定而只给出循环结束条件的情况，它完全可以代替 while 语句。

for 语句的一般格式为：

```
for (表达式 1;表达式 2;表达式 3) 语句
```

说明："表达式 1"通常为循环变量设置赋初值，"表达式 2"通常作为控制循环结束的条件，"表达式 3"通常为循环变量增值。

用法解析：

（1）先求解表达式 1。

（2）求解表达式 2，若其值为真（非 0），则执行 for 语句中指定的内嵌语句，然后执行第（3）步；若为假（0），则结束循环，转到第（5）步。

（3）求解表达式 3。

（4）转回第（2）步继续执行。

（5）循环结束，执行 for 语句下面的一个语句。

例 2.9 利用 for 循环求解 1+3+5+…+99。

```
#include <iostream>
using namespace std;
int main()
{  int i=1,sum=0;
   for(i=1;i<=99;i=i+2)
   sum=sum+i;
   cout<<"sum="<<sum<<endl;
   return 0;
}
```

说明：

（1）for 语句一般格式中的"表达式 1"可以省略，此时应在 for 语句之前给循环变量赋初值。

（2）如果表达式 2 省略，即不判断循环条件，则循环无终止地进行下去。也就是认为表达式 2 始终为真。

（3）表达式 3 也可以省略，但此时程序设计者应另外设法保证循环能正常结束。

（4）可以省略表达式 1 和表达式 3，只有表达式 2，即只给循环条件。

（5）三个表达式都可以省略。

（6）表达式 1 可以是设置循环变量初值的赋值表达式，也可以是与循环变量无关的其他表达式。

（7）表达式一般是关系表达式（如 i<=100）或逻辑表达式（如 a<b&&x<y），也可以是数值表达式或字符表达式，只要其值为非零，就执行循环体。

4. 三种循环的比较

（1）三种循环都可以用来处理同一个问题，一般情况下它们可以互相代替。

（2）while 和 do-while 循环，是在 while 后面指定循环条件的，在循环体中应包含使循环趋于结束的语句（如 i++或 i=i+1 等）。

for 循环可以在表达式 3 中包含使循环趋于结束的操作，甚至可以将循环体中的操作全部放到表达式 3 中。因此 for 语句的功能更强，凡用 while 循环能完成的，用 for 循环都能实现。

（3）用 while 和 do-while 循环时，循环变量初始化的操作应在 while 和 do-while 语句之前完成。而 for 语句可以在表达式 1 中实现循环变量的初始化。

5. 循环的嵌套

一个循环体内又包含另一个完整的循环结构，称为循环的嵌套。内嵌的循环中还可以嵌套循环，这就是多层循环。

三种循环（while 循环、do-while 循环和 for 循环）可以互相嵌套。

2.3.2 编写循环结构的程序

例 2.10 编写程序输出所有的“水仙花数”。所谓“水仙花数”是指一个三位数，其各位数字的立方和等于该数本身。例如 153 是水仙花数，$1^3+5^3+3^3=153$。

```
#include "iostream"
using namespace std;
int main()
{
   int i,j,k,n;
   cout<<"parcissus numbers are ";
   for (n=100;n<1000;n++)
   {
      i=n/100;
      j=n/10-i*10;
      k=n%10;
      if (n==i*i*i + j*j*j + k*k*k)
         cout<<n<<"   ";
   }
   cout<<endl;
   return 0;
}
```

例 2.11 编写程序求解如下问题：一个皮球从 100 米的高度自由落下，每次落地后反弹起的高度为原来高度的一半，这个球再次落下并反弹，如此往复，请计算它在第 10 次着地时一共经过了多少米？第 10 次反弹起的高度是多高？

```
#include "iostream"
using namespace std;
int main()
{
   double sn=100,hn=sn/2;
   int n;
   for (n=2;n<=10;n++)
   {
      sn=sn+2*hn;      /*第 n 次落地时共经过的米数*/
      hn=hn/2;         /*第 n 次反弹高度*/
   }
   cout<<"第 10 次落地时共经过"<<sn<<"米"<<endl;
   cout<<"第 10 次反弹"<<hn<<"米"<<endl;
   return 0;
}
```

例 2.12 编写程序求解猴子吃桃问题。猴子第 1 天摘下若干个桃子，当即吃了一半，还不过瘾，又多吃了一个。第 2 天早上又将剩下的桃子吃掉一半，又多吃了一个。以后每天早上都吃了前一天剩下的一半零一个。到第 10 天早上再想吃时，就只剩下一个桃子了，请问第 1 天一共摘得多少个桃子？

```
#include "iostream"
using namespace std;
int main()
{
   int day,x1,x2;
   day=9;
   x2=1;
   while(day>0)
    {x1=(x2+1)*2;       /*第 1 天的桃子数是第 2 天桃子数加 1 后的 2 倍*/
     x2=x1;
     day--;
    }
   cout<<"第 1 天一共摘得"<<x1<<"个桃子"<<endl;
   return 0;
}
```

2.4 break 语句和 continue 语句

之前已经介绍过用 break 语句可以使流程跳出 switch 结构，实际上，break 语句还可以用于循环体内。

break 语句的一般格式为：

```
break;
```

作用为使流程从循环体内跳出，即提前结束循环，接着执行循环体下面的语句。break 语句只能用于循环语句和 switch 语句内，不能单独使用或用于其他语句中。

continue 语句的一般格式为：

```
continue;
```

作用为结束本次循环，即跳过循环体中尚未执行的语句，接着进行下一次是否执行循环的判定。

continue 语句和 break 语句的区别是：continue 语句只结束本次循环，而不是终止整个循环的执行；而 break 语句是结束整个循环过程，不再判断执行循环的条件是否成立。

如果有以下两个循环结构：

（1）

```
int i = 1, sum = 0;
for (i = 1; i <= 10; i++) {
   if (i % 2 == 0) {
      sum = sum + i;
      if (i == 8)
         break;
   }
}
```

（2）

```
int i = 1, sum = 0;
for (i = 1; i <= 10; i++) {
    if (i % 2 == 0) {
       sum = sum + i;
```

```
        if (i == 8)
            continue;
    }
}
```

程序（1）的结果为 20，而程序（2）的结果为 30，由此可见 continue 语句和 break 语句的区别。

2.5　实训任务　程序设计结构的应用

实训目的：

1．熟练掌握 C++编程规范。

2．掌握顺序结构的程序设计方法。

3．掌握选择结构的程序设计方法。

4．掌握循环结构的程序设计方法。

实训环境：

Visual C++ 6.0

实训内容：

1．编写程序，判断某一年是否为闰年。

2．运输公司对用户计算运费。路程（s）越远，每公里运费越低，标准如下：

s<250km　没有折扣

250≤s<500　2%折扣

500≤s<1000　5%折扣

1000≤s<2000　8%折扣

2000≤s<3000　10%折扣

3000≤s　15%折扣

设每公里每吨货物的基本运费为 p（price 的缩写），货物重为 w（wright 的缩写），距离为 s，折扣为 d（discount 的缩写），则总运费 f（freight 的缩写）的计算公式为：

f=p*w*s*(1-d)

3．用公式求 π 的近似值：π/4≈1-1/3+1/5-1/7+…，直到最后一项的绝对值小于 10^{-7} 为止。

3 数组

在前面的程序里，使用的变量都属于简单的数据类型，如整型、字符型、浮点型等。当然，在编程处理简单问题时使用简单的数据类型就可以轻松完成任务，但当程序所要处理的数据成规模批量出现时，就不是几个变量所能描述的了，这时就需要引入复合数据类型，下面我们就来介绍数组这种复合数据类型。

3.1 数组的概念

数组是有序数据的集合，数组中的一个数据被称为一个元素。要寻找一个数组中的某一个元素必须给出两个要素：数组名、下标。有了数组名和下标，就能唯一地标识这个数组中的一个元素。

数组既然是一种复合数据类型，那么它也是有类型属性的，与简单的数据类型相似，数组有整型数组、字符型数组、浮点型数组等类型。值得注意的是，同一数组中的每一个元素都必须属于同一数据类型，例如某整型数组由 10 个元素组成，那么这 10 个元素都必须是整型数据。

数组在内存中是怎样存放的呢？一个数组在内存中会占据一片连续的存储单元。例如有一个整型数组 a（含有 10 个元素），假设数组的起始地址为 1000，那么该数组在内存中的存储情况就如图 3-1 所示，由于每个元素（a[0]、a[1]、…）都为整型数据（占 2 个字节），因此每个元素存放位置的地址编号均为偶数，这个数组在内存中一共占用了 20 个字节的空间。

	数组 a
1000	a[0]
1002	a[1]
1004	a[2]
1006	a[3]
1008	a[4]
1010	a[5]
1012	a[6]
1014	a[7]
1016	a[8]
1018	a[9]

图 3-1 数组在内存中的存储图示

3.2 一维数组

3.2.1 定义一维数组

定义一维数组的一般格式为：

```
类型标识符   数组名[常量表达式];
```

例如：

```
int x[5];
```

它表示数组名为 x，此数组为整型，有 5 个元素。

说明：

（1）数组名命名规则和变量名相同，遵循标识符命名规则。

（2）用方括号括起来的常量表达式表示下标值，如下面的写法是合法的：

```
int x[10];
int y[2*3];
int z[m*4];                    //假设前面已定义了 m 为常变量
```

（3）常量表达式的值表示元素的个数，即数组长度。例如在“int x[5];”中，5 表示 x 数组有 5 个元素，下标从 0 开始，这 5 个元素分别是：x[0]、x[1]、x[2]、x[3]、x[4]。

注意：最后一个元素是 x[4]而不是 x[5]。

（4）常量表达式中可以包括常量、常变量和符号常量，但不能包含变量，也就是说，C++不允许对数组的大小作动态定义，换句话说就是数组的大小不能依赖于程序运行过程中变量的值。例如下面这样定义数组是不正确的：

```
int x;
cin>>x;                        //输入数组 array 的长度
int array[x];                  //根据 x 的值决定数组的长度
```

上述程序段是不正确的，如果把第 1、2 行改为下面的一行就正确了：

```
const int x=6;
```

3.2.2 引用一维数组的元素

数组必须先定义后使用。在使用时，只能逐个引用数组元素的值，而不能一次引用整个数组中全部元素的值。

数组元素的表示形式为：

```
数组名 [下标]
```

下标可以是整型常量或整型表达式，例如：

```
x[1]= x[0]+ x[4]- x[2*2]
```

例 3.1 使数组元素 a[0]～a[4]的值为 1～5，然后求总和并输出结果。

```
#include "iostream"
using namespace std;
int main()
{
  int i,a[5],sum=0;
  for (i=0;i<=4;i++)
    a[i]=i+1;
  for (i=4;i>=0;i--)
    sum=sum+a[i];
  cout<<"总和等于"<<sum<<endl;
  return 0;
}
```

3.2.3 一维数组的初始化

很多时候，在定义数组的同时就需要给数组元素赋值，这个过程称为数组的初始化。数组的初始化方法灵活多样，下面分别介绍。

（1）在定义数组时为全部数组元素一次性赋值。例如：

```
int x[5]={0,1,2,3,4};
```

（2）可以只给一部分元素赋值。例如：

```
int x[5]={0,1,2};
```

（3）如果想使一个数组中的全部元素值为0，可以写成：

```
int x[5]={0,0,0,0,0};
```

（4）在对全部数组元素赋初值时，可以不指定数组长度。例如：

```
int x[5]={1,2,3,4,5};
```

可以写成：

```
int x[]={1,2,3,4,5};
```

说明：如果一个数组被定义后没有初始化，它的每个元素的初始值将是一个不确定的值，若此数组元素直接参与运算，得到的结果将是错误的。

3.3　二维数组

有时候，程序需要处理的数据只用一维数组无法很好地描述和存储，这时就需要使用二维数组。具有两个下标的数组称为二维数组。例如有5名学生，每名学生有4门课的成绩，那么这样一个二维数据表就需要使用二维数组来描述和存放。如果想调取第3名学生的第5门课的成绩，就需要分别给出学生的序号和课程的序号作为查询二维表的坐标，知道了两个坐标，也就能查到该学生该课程的成绩了。

3.3.1　定义二维数组

定义二维数组的一般形式为：

```
类型标识符 数组名[常量表达式][常量表达式]
```

例如：

```
int x[3][3];
```

定义x为3×3（3行3列）的整型数组，注意不能写成“int x[3,3];”。C++对二维数组采用这样的定义方式，使我们可以把二维数组看做是一种特殊的一维数组：它的元素又是一个一维数组。例如，可以把x看做是一个一维数组，它有3个元素：x[0]、x[1]、x[2]，每个元素又是一个包含3个元素的一维数组，如图3-2所示。x[0]、x[1]、x[2]是3个一维数组的名字。

x[0]	x[0][0]	x[0][1]	x[0][2]
x[1]	x[1][0]	x[1][1]	x[1][2]
x[2]	x[2][0]	x[2][1]	x[2][2]

图3-2　二维数组

上面定义的二维数组可以理解为定义了3个一维数组，此处把x[0]、x[1]、x[2]作为一维数组名。C++中，二维数组中元素排列的顺序是：按行存放，即在内存中先顺序存放第一行的元素，再存放第二行的元素。

在描述更复杂的问题时，C++允许使用多维数组。我们有了二维数组的基础，再掌握多维数组也相对容易了。

3.3.2 引用二维数组的元素

二维数组的元素的表示形式为：

```
数组名 [下标][下标]
```

如 x[2][3]。下标可以是整型表达式，如 x[2-1][2*2-1]，但不要写成 x[2,3]或 x[2-1,2*2-1]形式。

数组元素可以出现在表达式中，也可以被赋值，例如：

```
y[1][2]=x[1][2]/5;
```

在使用数组元素时，应该注意下标值应在已定义的数组大小的范围内。

例如定义一个 3 行 4 列的数组 int x[3][4]，在引用数组元素时使用了 x[3][4]=10，则这种写法是错误的。因为，定义 x 为 3×4 的数组，它可用的行下标值最大为 2，列坐标值最大为 3，最多可以用到 x[2][3]，使用 a[3][4]超出了数组的范围。

注意：应仔细区分在定义数组时用的 x[3][4]和引用数组元素时的 x[3][4]的区别。前者 x[3][4]用来定义数组的维数和各维的大小，后者 x[3][4]中的 3 和 4 是下标值，x[3][4]代表某一个元素。

3.3.3 二维数组的初始化

与一维数组的初始化类似，二维数组初始化仍然有多种方法。

（1）可以分行给二维数组赋初值。例如：

```
int x[3][4]={{1,2,3,4},{5,6,7,8},{9,10,11,12}};
```

这种赋初值的方法比较直观，把第 1 个花括号内的数据赋给第 1 行的元素，第 2 个花括号内的数据赋给第 2 行的元素……即按行赋初值。

（2）可以将所有数据写在一个花括号内，按数组排列的顺序对各元素赋初值。例如：

```
int x[3][4]={1,2,3,4,5,6,7,8,9,10,11,12};
```

效果与前相同。但以第 1 种方法为好，一行对一行，界限清楚。用第 2 种方法如果数据多，写成一大片，容易遗漏，也不易于检查。

（3）可以对部分元素赋初值。例如：

```
int x[3][4]={{1},{5},{9}};
```

它的作用是只对各行第 1 列的元素赋初值，其余元素值自动置为 0。

也可以对各行中的某一元素赋初值：

```
int x[3][4]={{1},{0,6},{0,0,11}};
```

这种方法对非 0 元素少时比较方便，不必将所有的 0 都写出来，只需要输入少量数据。也可以只对某几行元素赋初值：

```
int a[3][4]={{1},{},{9}};
```

（4）如果对全部元素都赋初值（即提供全部初始数据），则定义数组时对第一维的长度可以不指定，但第二维的长度不能省。例如：

```
int x[3][4]={1,2,3,4,5,6,7,8,9,10,11,12};
```

可以写成：

```
int x[][4]={1,2,3,4,5,6,7,8,9,10,11,12};
```

系统会根据数据总个数分配存储空间，一共 12 个数据，每行 4 列，当然可以确定为 3 行。

在定义时也可以只对部分元素赋初值而省略第一维的长度，但应分行赋初值。例如：

```
int a[][4]={{0,0,3},{},{0,10}};
```

这样的写法能通知编译系统数组共有 3 行。

C++在定义数组和表示数组元素时采用 a[][]这种两个方括号的方式，对数组初始化时十分有用，它使概念清楚、使用方便、不容易出错。

3.4　字符数组

顾名思义，用来存放字符数据的数组是字符数组。字符数组中的一个元素存放一个字符，整个数组可以被看做一个字符串。

3.4.1　字符数组的定义和初始化

定义字符数组的方法与前面介绍的类似，例如：

```
char c[11];
c[0]='I';c[1]=' ';c[2]='s';c[3]='t';c[4]='u';c[5]='d';
c[6]='y';c[7]=' ';c[8]='C'; c[9]='+'; c[10]='+';
```

上面定义了 c 为字符数组，包含 11 个元素。在赋值以后数组的状态如图 3-3 所示。

c[0]	c[1]	c[2]	c[3]	c[4]	c[5]	c[6]	c[7]	c[8]	c[9]	c[10]
I		s	t	u	d	y		C	+	+

图 3-3　字符数组的存储方式

对字符数组进行初始化，最容易理解的方式是逐个字符赋给数组中的各元素。例如：

```
char c[11]={'I',' ','s','t','u','d','y',' ','C','+','+'};
```

把 11 个字符分别赋给 c[0]～c[10]这 11 个元素。

如果花括号中提供的初值个数大于数组长度，则按语法错误处理；如果初值个数小于数组长度，则只将这些字符赋给数组中前面的那些元素，其余的元素自动定为空字符；如果提供的初值个数与预定的数组长度相同，在定义时可以省略数组长度，系统会自动根据初值个数确定数组长度。例如：

```
char c[]={'I',' ','s','t','u','d','y',' ','C','+','+'};
```

也可以定义和初始化一个二维字符数组，如：

```
char diamond[5][5]={{' ',' ','*'},{' ','*',' ','*'},{'*',' ',' ',' ','*'},{' ','*',' ','*'},{' ',' ','*'}};
```

3.4.2　字符数组的赋值与引用

只能对字符数组的元素赋值，而不能用赋值语句对整个数组赋值。例如：

```
char c[5];
c={'s','t','u','d','y'};                      //错误，不能对整个数组一次赋值
c[0]='s'; c[1]='t';c[2]='u';c[3]='d';c[4]='y';   //对数组元素赋值，正确
```

如果已定义了 x 和 y 是具有相同类型和长度的数组，且 y 数组已被初始化，请分析以下语句：

```
x=y;                                          //错误，不能对整个数组整体赋值
x[0]=y[0];                                    //正确，引用数组元素
```

例 3.2　设计和输出一个“田”字图形。

```
#include <iostream>
using namespace std;
int main()
{
    char tz[][5]={{'*','*','*','*','*'},
```

```
    {'*',' ','*',' ','*'},{'*','*','*','*','*'}
    {'*',' ','*',' ','*'},{'*','*','*','*','*'}};
    int i,j;
    for (i=0;i<5;i++)
    {
      for (j=0;j<5;j++)
        cout<<tz[i][j];          //逐个引用数组元素，每次输出一个字符
      cout<<endl;
    }
    return 0;
}
```

运行结果为：

```
*****
* * *
*****
* * *
*****
```

3.4.3 字符串和字符串结束标志

用一个字符数组可以存放一个字符串中的字符。例如：

```
char str[12]={ 'I',' ','s','t','u','d','y',' ','C','+','+'};
```

该语句实现了用一维字符数组 str 来存放一个字符串"I study C++"中的字符。字符串的实际长度（11）与数组长度（12）不相等，在存放上面 11 个字符之外，系统对字符数组的最后一个元素自动填补空字符'\0'。

为了测定字符串的实际长度，C++规定了一个“字符串结束标志”，以字符'\0'代表。在上面的数组中，第 12 个字符为'\0'，就表明字符串的有效字符为其前面的 11 个字符。

对一个字符串常量，系统会自动在所有字符的后面加一个'\0'作为结束符。例如字符串"I study C++"共有 11 个字符，但在内存中它共占 12 个字节，最后一个字节'\0'是由系统自动加上的。

在程序中往往依靠检测'\0'的位置来判定字符串是否结束，而不是根据数组的长度来决定字符串长度。当然，在定义字符数组时应估计实际字符串长度，保证数组长度始终大于字符串实际长度。

说明：'\0'只是一个供辨别的标志。

下面再对字符数组初始化补充一种方法，用字符串常量来初始化字符数组。例如：

```
char str[]={"I study C++"};
```

也可以省略花括号，直接写成：

```
char str[]="I study C++";
```

不是用单个字符作为初值，而是用一个字符串作为初值。显然，这种方法直观、方便，符合人们的习惯。这里需要注意，数组 str 的长度不是 11，而是 12。因此，上面的初始化与下面的初始化等价：

```
char str[]={ 'I',' ','s','t','u','d','y',' ','C','+','+','\0'};
```

而不与下面的等价：

```
char str[]={ 'I',' ','s','t','u','d','y',' ','C','+','+' };
```

前者的长度为 12，后者的长度为 11。如果有：

```
char str[10]="study";
```

数组 str 的前 5 个元素为's'、't'、'u'、'd'、'y'，第 6 个元素为'\0'，后 4 个元素为空字符，如图 3-4 所示。

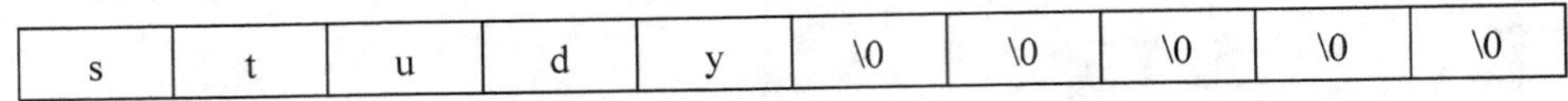

s	t	u	d	y	\0	\0	\0	\0	\0

图 3-4　字符数组存储数据

说明：字符数组并不要求它的最后一个字符为'\0'，甚至可以不包含'\0'。例如下面这样写完全是合法的。

```
char str[5]={'s','t','u','d','y'};
```

是否需要加'\0'，完全根据需要决定。但是由于 C++编译系统对字符串常量自动加一个'\0'，因此，为了使处理方法一致、便于测定字符串的实际长度，以及在程序中作相应的处理，在字符数组中有效字符的后面也人为地加上一个'\0'。例如：

```
char str [6]={'s','t','u','d','y','\0'};
```

3.4.4　字符数组的输入输出

字符数组的输入输出有以下两种方法：

（1）逐个字符输入输出，如例 3.2。

（2）将整个字符串一次输入或输出。例如以下程序段：

```
char str[20];
cin>>str;     //用字符数组名输入字符串
cout<<str;    //用字符数组名输出字符串
```

在运行时输入一个字符串，例如：

```
study↙
```

在内存中，数组 str 中会存储“study”，在 5 个字符的后面自动加了一个结束符'\0'。

输出时逐个输出字符，直到遇到结束符'\0'就停止输出。输出结果为：

```
study
```

如前所述，字符数组名 str 代表字符数组第一个元素的地址，执行“cout<<str;”的过程是从 str 所指向的数组第一个元素开始逐个输出字符，直到遇到'\0'为止。

注意：

①输出的字符不包括结束符'\0'。

②输出字符串时，cout 流中用字符数组名而不是数组元素名。

③如果数组长度大于字符串实际长度，也只输出到遇到'\0'结束。

④如果一个字符数组中包含一个以上的'\0'，则遇到第一个'\0'时输出就结束。

⑤用 cin 从键盘向计算机输入一个字符串时，从键盘输入的字符串应短于已定义的字符数组的长度，否则会出现问题。

C++提供了 cin 流中的 getline 函数，用于读入一行字符（或一行字符中的前若干个字符），使用安全又方便。

3.4.5　字符串处理函数

由于字符串使用广泛，C 和 C++提供了一些字符串函数，使得用户能很方便地对字符串进行处理。它们是放在函数库中的，在 string 和 string.h 头文件中定义。如果程序中使用这些字符串函数，应该用#include 命令把 string.h 或 string 头文件包含到本文件中。下面介绍几种常用的函数。

1. 字符串连接函数 strcat

函数原型：

```
strcat(char[],const char[]);
```

作用：将第二个字符数组中的字符串连接到前面字符数组的字符串的后面。第二个字符数组被指定为 const，以保证该数组中的内容不会在函数调用期间修改。连接后的字符串放在第一个字符数组中，函数调用后得到的函数值就是第一个字符数组的地址。例如：

```
char str1[30]="I study ";
char str2[]="C++";
cout<<strcat(str1,str2));        //调用 strcat 函数
```

输出：I study C++。

2. 字符串复制函数 strcpy

函数原型：

```
strcpy(char[],const char[]);
```

作用：将第二个字符数组中的字符串复制到第一个字符数组中去，将第一个字符数组中的相应字符覆盖。例如：

```
char str1[10],str2[]="study";
strcpy(str1,str2);
```

执行后，str2 中的 5 个字符"study"和'\0'（共 6 个字符）复制到数组 str1 中。

说明：

（1）在调用 strcpy 函数时，第一个参数必须是数组名（如 str1），第二个参数可以是字符数组名，也可以是一个字符串常量。

（2）可以用 strcpy 函数将一个字符串中的前若干个字符复制到字符数组中去。

（3）只能通过调用 strcpy 函数来实现将一个字符串赋给一个字符数组，而不能用赋值语句将一个字符串常量或字符数组直接赋给一个字符数组。

3. 字符串比较函数 strcmp

函数原型：

```
strcmp(const char[],const char[]);
```

作用：比较两个字符串。由于这两个字符数组只参加比较而不应改变其内容，因此两个参数都加上 const 声明。下面的写法是合法的：

```
strcmp(str1,str2);
strcmp("China","Korea");
strcmp(str1,"Beijing");
```

比较的结果由函数值带回。

（1）如果字符串 1=字符串 2，函数值为 0。

（2）如果字符串 1>字符串 2，函数值为一正整数。

（3）如果字符串 1<字符串 2，函数值为一负整数。

字符串比较的规则与其他语言中的规则相同，即对两个字符串自左至右逐个字符相比（按 ASCII 码值大小比较），直到出现不同的字符或遇到'\0'为止。如果全部字符都相同，则认为相等；若出现不相同的字符，则以第一个不相同的字符的比较结果为准。

注意：对两个字符串比较，不能用以下形式：

```
if(str1>str2) cout<<"yes";
```

字符数组名 str1 和 str2 代表数组地址，上面的写法表示将两个数组地址进行比较，而不是对数组中的字符串进行比较。对两个字符串比较应该用：

```
if(strcmp(str1,str2)>0) cout<<"yes";
```

4．字符串长度函数 strlen

函数原型：

```
strlen(const char[]);
```

作用：测试字符串长度，函数值为字符串的实际长度，不包括'\0'在内。例如：

```
char str[10]="study";
cout<<strlen(str);
```

输出结果不是 10，也不是 6，而是 5。

以上是几种常用的字符串处理函数，除此之外还有其他一些函数。

3.5　C++处理字符串的方法——字符串类与字符串变量

用字符数组来存放字符串并不是最理想和最安全的方法。C++提供了一种新的数据类型——字符串类型（string 类型），在使用方法上，它和 char、int 类型一样，可以用来定义变量，这就是字符串变量——用一个名字代表一个字符序列。

实际上，string 并不是 C++语言本身具有的基本类型，它是在 C++标准库中声明的一个字符串类，用这种类可以定义对象。每一个字符串变量都是 string 类的一个对象。

3.5.1　字符串变量的定义和引用

1．定义字符串变量

字符串变量必须先定义后使用，定义字符串变量要用类名 string。例如：

```
string string1;                //定义 string1 为字符串变量
string string2="study";        //定义 string2 字符串变量的同时对其初始化
```

注意：要使用 string 类的功能时，必须在本文件的开头将 C++标准库中的 string 头文件包含进来，即应加上：

```
#include <string>              //注意头文件名不是 string.h
```

2．对字符串变量赋值

在定义了字符串变量后，可以用赋值语句对它赋予一个字符串常量，例如：

```
string1="study";
```

既可以用字符串常量给字符串变量赋值，也可以用一个字符串变量给另一个字符串变量赋值。例如：

```
string2=string1;               //假设 string2 和 string1 均已定义为字符串变量
```

不要求 string2 和 string1 长度相同，假如 string2 原来是"study"，string1 原来是"abcdefg"，赋值后 string2 也变成"abcdefg"。在定义字符串变量时不需要指定长度，长度随其中的字符串长度而改变。

可以对字符串变量中的某一字符进行操作，例如：

```
string word="Then";            //定义并初始化字符串变量 word
word[2]='a';                   //修改序号为 2 的字符，修改后 word 的值为"Than"
```

3．字符串变量的输入输出

可以在输入输出语句中用字符串变量名输入输出字符串，例如：

```
cin>> string1;                 //从键盘输入一个字符串给字符串变量 string1
cout<< string2;                //将字符串 string2 输出
```

3.5.2 字符串变量的运算

在以字符数组存放字符串时，字符串的运算要用字符串函数，如 strcat（连接）、strcmp（比较）、strcpy（复制），而对 string 类对象，可以不用这些函数，而是直接用简单的运算符。

（1）字符串复制用赋值号。

```
string1=string2;
```

其作用与“strcpy(string1,string2);”相同。

（2）字符串连接用加号。

```
string string1="I study ";          //定义 string1 并赋初值
string string2="C++";               //定义 string2 并赋初值
string1=string1 + string2;          //连接 string1 和 string2
```

连接后 string1 为"I study C++"。

（3）字符串比较直接用关系运算符。

可以直接用==（等于）、>（大于）、<（小于）、!=（不等于）、>=（大于或等于）、<=（小于或等于）等关系运算符来进行字符串的比较。

3.5.3 字符串数组

不仅可以用 string 定义字符串变量，也可以用 string 定义字符串数组。例如：

```
string name[5];    //定义一个字符串数组，它包含 5 个字符串元素
string name[5]={"Zhang","wang","li","zhao","liu"};    //定义一个字符串数组并初始化
```

此时 name 数组的状况如图 3-5 所示。

name[0]	z	h	a	n	g	\0
name[1]	w	a	n	g	\0	
name[2]	l	i	\0			
name[3]	z	h	a	o	\0	
name[4]	l	i	u	\0		

图 3-5 字符串数组的数据存放

可以看到：

（1）在一个字符串数组中包含若干个元素，每个元素相当于一个字符串变量。

（2）并不要求每个字符串元素具有相同的长度，即使对同一个元素而言，它的长度也是可以变化的，当向某一个元素重新赋值时，其长度就可能发生变化。

（3）在字符串数组的每一个元素中存放一个字符串而不是一个字符，这是字符串数组与字符数组的区别。如果用字符数组存放字符串，一个元素只能存放一个字符，用一个一维字符数组存放一个字符串。

（4）每一个字符串元素中只包含字符串本身的字符而不包括'\0'。

可见用字符串数组存放字符串以及对字符串进行处理是很方便的。

例 3.3 输入三个字符串，要求将字母按由小到大的顺序输出。

```
#include <iostream>
#include <string>
```

```
using namespace std;
int main()
{
    string string1,string2,string3,temp;
    cout<<"please input three strings:";              //这是对用户输入的提示
    cin>>string1>>string2>>string3;                    //输入三个字符串
    if(string2>string3)
    {
        temp=string2;string2=string3;string3=temp;
    }
    if(string1<=string2)
        cout<<string1<<" "<<string2<<" "<<string3<<endl;
    else if(string1<=string3)
        cout<<string2<<" "<<string1<<" "<<string3<<endl;
    else cout<<string2<<" "<<string3<<" "<<string1<<endl;
    return 0;
}
```

运行情况如下：

```
please input three strings: China    U.S.A. Germany↙
China Germany U.S.A.
```

3.6 案例解析

3.6.1 一维数组的应用

例 3.4 输入并记录一个班级学生的某课程成绩，对这些成绩整体输出并求出平均成绩。

```
#include "iostream"
using namespace std;
#define MAX 50
int main()
{
    int i,studentNum,k=0;
    int cource[MAX];
    long studentID[MAX];
    float average=0;
    cout<<"学生总数：";
    cin>>studentNum;
    while(k< studentNum)
    {
        cout<<"学号：";
        cin>> studentID[k];
        cout<<"成绩：";
        cin>> cource [k];
        average= average+ cource [k];
        k++;
    }
    for( i=0; i<StudentNum; i++ )
    {
        cout<<"No."<<i+1<<" ";
        cout<<studentID[i]<< " ";
        cout<< cource [i];
    }
```

```
    cout<<endl;
    average =average/ studentNum;
    cout<<"平均成绩："<< average<<endl;

    return 0;
}
```

3.6.2 二维数组的应用

例 3.5 输入 4×4 矩阵，计算对角线元素之和并输出结果。

```
#include "iostream"
using namespace std;
#define ROW 4
#define COL 4
int main()
{
    int a[ROW][COL];
    int i,j，sum=0;
    cout<<"输入的 4×4 矩阵："<<endl;
    for( i=0; i<ROW; i++ )
    {
        for( j=0; j<COL; j++ )
        {
            cin>>a[i][j];
        }
    }
    //计算对角线元素之和
    for( i=0; i<ROW; i++ )
    {
        for( j=0; j<COL; j++ )
        {
            if(i==j)
            {
                sum=sum+a[i][j];
            }
        }
    }
    cout<<"对角线元素之和等于"<<sum<<endl;
    return 0;
}
```

例 3.6 有一个 3×4 的矩阵，要求输出其中值最大的那个元素的值及其所在的行号和列号。

```
#include "iostream"
using namespace std;
int main()
{
    int i,j,row=0,colum=0,max;
    int a[3][4]={{5,12,23,56},{19,28,37,46},{-12,-34,6,8}};
    max=a[0][0];              //使 max 开始时取 a[0][0]的值
    for (i=0;i<3;i++)                        //从第 0 行到第 2 行
    {
        for (j=0;j<4;j++)                    //从第 0 列到第 3 列
        {
            if (a[i][j]>max)                 //如果某元素大于 max
            {
                max=a[i][j];                 //max 将取该元素的值
```

```
                row=i;                      //记下该元素的行号 i
                colum=j;                    //记下该元素的列号 j
            }
        }
    }
    cout<<"max="<<max<<",row="<<row<<",colum="<<colum<<endl;
    return 0;
}
```

3.6.3 字符数组的应用

例 3.7 有三个字符串，要求找出其中的最大者。

```
#include "iostream"
#include "string"
using namespace std;

void max_string(char str[][30],int i);              //函数声明
int main()
{
    int i;
    char str[3][80];
    for(i=0;i<3;i++)
    {
        cin>>str[i];
    }
    max_string(country_name,3);                     //调用 max_string 函数
    return 0;
}
void max_string(char str[][80],int n)
{
    int i;
    char string[80];
    strcpy(string,str[0]);                          //使 string 的值为 str[0]的值
    for(i=0;i<n;i++)
    {
        if(strcmp(str[i],string)>0)                 //如果 str[i]>string
            strcpy(string,str[i]);                  //将 str[i]中的字符串复制到 string
        cout<<"the largest string is: "<<string<<endl;
    }
}
```

运行结果如下：

```
CHINA↙
GERMANY↙
FRANCH↙
the largest string is: GERMANY
```

3.7 实训任务 数组的应用

实训目的：

1．熟练掌握 C++编程规范。

2．掌握数组的定义与初始化。

3．掌握数组元素的引用。

4．掌握使用数组解决问题的技巧。

实训环境：

Visual C++ 6.0

实训内容：

1．用数组来处理求 Fibonacci 数列问题，编程输出 Fibonacci 数列的前 20 项。

Fibonacci 数列示例：

1，1，2，3，5，8，13，…

规律：从数列的第三项开始，每项的值均为前面两项之和，依此类推。

2．编写程序，用起泡法对 10 个数排序（按由小到大顺序）。起泡法的思路是：逐一将相邻两个数比较，根据最终的排序原则来决定是否对换两数的位置，将此方法反复使用，直至实现排序目标。

4 函数

函数是用于执行特定功能的程序段，它有自己的名称和作用域，程序员可以根据问题的需要在应用程序中编写若干个函数，它们可在应用程序的适当位置被灵活调用。

4.1 函数的概念

按照结构化程序设计的基本思想，可将应用程序面临的复杂问题分解成若干个独立的小问题，然后针对这些小问题编写具有特定功能并可供调用的子程序。这样，应用程序就会呈现图 4-1 所示的结构。

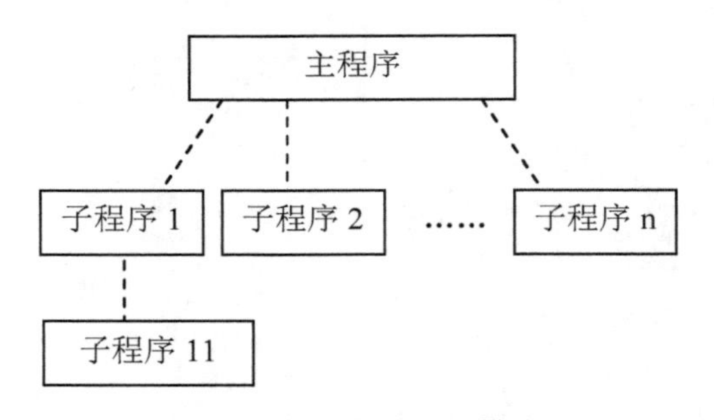

图 4-1 结构化程序设计模式

在结构化设计模式中，应用程序是由“主程序”和“子程序”两类独立的程序模块组成的。“主程序”是应用程序的执行入口，它将根据问题的解决方案适当调度其他“子程序”。子程序则是针对特定处理内容构造的程序模块，其中的代码描述了特定任务的处理细节。调用子程序是相对而言的，如图 4-1 所示，当“子程序 1”调用“子程序 11”时，“子程序 1”又称为调用方或主调程序，而子程序 11 是被调用方。

C++提供了“函数”的定义与应用方法，它与上述子程序的概念完全一样，是具有特定处理功能的命名程序。C++允许程序员可依据问题的需要创建自己的函数，在程序运行中可以多次调用这些函数。函数有自己的名称，也可以有调用参数或返回值，函数通过函数调用被执行，过程执行结束后会将控制权交还给调用自己的程序一方。

在实际应用的程序中，主函数写得很简单，它的作用就是调用各个函数，程序各部分的功能全部都是由各函数实现的。主函数相当于总调度，调动各函数依次实现各项功能。

通常软件开发人员将一些常用的功能模块编写成函数，放在函数库中供公共选用。程序开发人员要善于利用库函数，以减少重复编写程序段的工作量。

例 4.1 在主函数中调用其他函数。

```
#include <iostream>
using namespace std;
void printstar()     //定义 printstar 函数
{
    cout<<"****************************** "<<endl;        //输出 30 个 "*"
}

void print_message()       //定义 print_message 函数
{
    cout<<"I    study    C++"<<endl;          //输出一行文字
}

int main()
{
    printstar();              //调用 printstar 函数
    print_message();      //调用 print_message 函数
    printstar();              //调用 printstar 函数
    return 0;
}
```

运行情况如下：

```
******************************
I study C++
******************************
```

从用户使用的角度看，函数有两种：

- 系统函数：即库函数，这是由编译系统提供的，用户不必自己定义这些函数，可以直接使用它们。
- 用户自己定义的函数：用以解决用户的专门需要。

从函数的形式看，函数分为两类：

- 无参函数：调用函数时不必给出参数。
- 有参函数：在调用函数时要给出参数，在主调函数和被调用函数之间有数据传递。

4.2 函数的定义与调用

4.2.1 定义无参函数的一般形式

定义无参函数的一般形式为：

```
类型标识符 函数名()
{ 声明部分
  语句
}
```

例 4.1 中的 printstar 和 print_message 函数都是无参函数。用类型标识符指定函数的类型，即函数带回来的值的类型。

4.2.2 定义有参函数的一般形式

定义有参函数的一般形式为：

```
类型标识符 函数名(形式参数表列)
{ 声明部分
  语句
}
```

例如：

```
int max(int a,int b)   //函数首部，函数返回值为整型，有两个整型形参
{
    int c;           //函数体中声明整型变量 c
    if(a>b)          //将 a 和 b 中的大者的值赋给整型变量 c
      c=a;
    else
      c=b;
    return (c);      //将 c 的值作为函数值返回调用点
}
```

注意：C++要求在定义函数时必须指定函数的返回值类型。

4.2.3 函数参数和函数的返回值

1．形式参数和实际参数

形式参数（形参）：定义函数时函数名后面括号中的变量名为形式参数。

实际参数（实参）：在主调函数中调用一个函数时，函数名后面括号中的参数为实际参数。

例 4.2 调用函数时的数据传递。

```
#include <iostream>
using namespace std;
int add(int x,int y)   //定义有参函数 add
{
    int z;
    z=x+y;
    return(z);
}

int main()
{
    int a,b,c;
    cout<<"please enter two integer numbers:";
    cin>>a>>b;
    c=add(a,b);        //调用 add 函数，给定实参为 a、b，函数值赋给 c
    cout<<"sum="<<c<<endl;
    return 0;
}
```

运行情况如下：

```
please enter two integer numbers:2 3↙
add=5
```

有关形参与实参的说明：

（1）在定义函数时指定的形参，在未出现函数调用时它们并不占内存中的存储单元，因此称

它们是形式参数，它们并不是实际存在的数据，只有在发生函数调用时，函数 add 中的形参才被分配内存单元，以便接收从实参传来的数据。在调用结束后，形参所占的内存单元也被释放。

（2）实参可以是常量、变量或表达式，如 add(2,a+b);，但要求 a 和 b 有确定的值，以便在调用函数时将实参的值赋给形参。

（3）在定义函数时，必须在函数首部指定形参的类型。

（4）实参与形参的类型应相同或赋值兼容。例 4.2 中实参和形参都是整型，这是合法的、正确的。如果实参为整型而形参为实型，或者相反，则按不同类型数值的赋值规则进行转换。例如实参 a 的值为 5.5，而形参 x 为整型，则将 5.5 转换成整数 5，然后送到形参 b。字符型与整型可以互相通用。

（5）实参变量对形参变量的数据传递是“值传递”，即单向传递，只由实参传给形参，而不能由形参传回来给实参。在调用函数时编译系统临时给形参分配存储单元，所以实参单元与形参单元是不同的存储单元。

2. 函数的返回值

（1）函数的返回值是通过函数中的 return 语句获得的。return 语句将被调用函数中的一个确定值带回到主调函数中去。return 语句后面的括号可以有，也可以没有。return 后面的值可以是一个表达式。

（2）函数值的类型。既然函数有返回值，这个值当然应属于某一个确定的类型，应当在定义函数时指定函数值的类型。

（3）如果函数值的类型和 return 语句中表达式的值不一致，则以函数类型为准，即函数类型决定返回值的类型。对数值型数据，可以自动进行类型转换。

4.2.4 函数的调用

1. 函数调用的一般形式

```
函数名([实参表列])
```

如果是调用无参函数，则“实参表列”可以没有，但括号不能省略。如果实参表列包含多个实参，则各参数间用逗号隔开。实参与形参的个数应相等，类型应匹配（相同或赋值兼容）。实参与形参按顺序对应，一对一地传递数据。

如例 4.2 中 main()函数中的“c=add(a,b);”语句，即实现了函数 add 的调用。

2. 函数调用的方式

按函数在语句中的作用来分，可以有以下三种函数调用方式：

（1）函数语句。

把函数调用单独作为一个语句，并不要求函数带回一个值，只是要求函数完成一定的操作。如例 4.1 中的 printstar();。

（2）函数表达式。

函数出现在一个表达式中，这时要求函数带回一个确定的值以参加表达式的运算。例如 c=2*add(a,b);。

（3）函数参数。

函数调用作为一个函数的实参。例如：

```
m=add(a,add(b,c));     //add(b,c)是函数调用，其值作为外层 add 函数调用的一个实参
```

3. 对被调用函数的声明和函数原型

在一个函数中调用另一个函数（即被调用函数）需要具备的条件如下：

（1）被调用的函数必须是已经存在的函数。

（2）如果使用库函数，一般还应该在本文件开头用#include 命令将有关头文件“包含”到本文件中来。

（3）如果使用用户自己定义的函数，而该函数与调用它的函数（即主调函数）在同一个程序单位中，且位置在主调函数之后，则必须在调用此函数之前对被调用的函数进行声明即预先定义此函数。所谓函数声明，就是在函数尚未定义的情况下，事先将该函数的有关信息通知编译系统，以便使编译能正常进行。

例 4.3 对被调用的函数进行声明。

```
#include <iostream>
using namespace std;
int main()
{
    float add(float x,float y);        //对 add 函数进行声明
    float a,b,c;
    cout<<"please enter a,b:";
    cin>>a>>b;
    c=add(a,b);
    cout<<"sum="<<c<<endl;
    return 0;
}

float add(float x,float y)          //定义 add 函数
{
    float z;
    z=x+y;
    return (z);
}
```

运行情况如下：

```
please enter a,b:123.68   456.45↙
sum=580.13
```

函数定义与声明的区别：

（1）定义是指对函数功能的确立，包括指定函数名、函数类型、形参及其类型、函数体等，它是一个完整的、独立的函数单位。

（2）声明的作用是把函数的名字、函数类型以及形参的个数、类型和顺序（注意不包括函数体）通知编译系统，以便在对包含函数调用的语句进行编译时据此对其进行对照检查（例如函数名是否正确、实参与形参的类型和个数是否一致）。

在函数声明中也可以不写形参名，而只写形参的类型，例如：

```
double sub(double,double);
```

这种函数声明称为函数原型。使用函数原型是 C 和 C++的一个重要特点。它的作用主要是根据函数原型在程序编译阶段对调用函数的合法性进行全面检查。如果发现与函数原型不匹配的函数调用就报告编译出错。它属于语法错误。用户根据屏幕显示的出错信息可以很容易发现和纠正错误。

函数原型的一般形式为：

（1）函数类型 函数名(参数类型 1,参数类型 2,…);

（2）函数类型 函数名(参数类型1 参数名1,参数类型2 参数名2,…);

第（1）种形式是基本形式。为了便于阅读程序，也允许在函数原型中加上参数名，就成了第（2）种形式。但编译系统并不检查参数名，因此参数名是什么都无所谓。上面程序中的声明也可以写成：

```
double sub(double a,double b);          //参数名不用x、y，而用a、b，效果完全相同
```

应当保证函数原型与函数首部写法上一致，即函数类型、函数名、参数个数、参数类型和参数顺序必须相同。在函数调用时函数名、实参类型和实参个数应与函数原型一致。

说明：

（1）如果被调用函数的定义出现在主调函数之前，可以不必加以声明。因为编译系统已经事先知道了已定义的函数类型，会根据函数首部提供的信息对函数的调用作正确性检查。

（2）函数声明的位置可以在调用函数所在的函数中，也可以在函数之外。如果函数声明放在函数的外部，在所有函数定义之前，则在各个主调函数中不必对所调用的函数再作声明。例如：

```
int add(int,int);        //本行和以下一行函数声明在所有函数之前且在函数外部
double div(double,double);         //因而作用域是整个文件
int main()
{…}        //在main函数中不必对它所调用的函数作声明
int add(int num1,int num2)         //定义add函数
{…}
double div(double m,double n)      //定义f函数
{…}
```

如果一个函数被多个函数所调用，用这种方法比较好，不必在每个主调函数中重复声明。

例4.4 根据方程f(x)=5x-8求x对应的函数值。

这是一个数学问题，需要先根据方程定义一个函数，然后可以在主函数中调用该函数求x对应的函数值。

```
#include <iostream>
using namespace std;
double f(double x)
{
    double y;
    y=5*x-8;
    return y;
}
int main()
{
    double x,y;
    cout<<"请输入x=";
    cin>>x;
    y=f(x);
    cout<<"函数值等于"<<y<<endl;
    return 0;
}
```

运行情况如下：

```
请输入x=1（回车）
函数值等于 -3
```

关于程序的说明：

（1）在定义函数时，函数f的作用主要是根据变量x的值求取对应的函数值。

（2）函数f的定义出现在main函数之前，在主函数中不用声明即可调用；如果函数f的定义

出现在 main 函数之后，则应该在 main 函数的前面对函数作声明后再调用。

4.3 局部变量和全局变量

4.3.1 局部变量

在一个函数内部定义的变量是内部变量，它只在本函数范围内有效，也就是说只有在本函数内才能使用它们，在此函数以外是不能使用这些变量的。同样，在复合语句中定义的变量只在本复合语句范围内有效。这种变量称为局部变量。例如：

```
double fun1(double a)            //函数 fun1
{
    double b,c;                  //变量 b、c，形参 a 在{}内有效
    …
}
char fun2(char x, char y)        //函数 fun2
{
    int a,b,c;                   //变量 a、b、c，形参 x、y 在{}内有效
    …
}
int main()                       //主函数
{                                                                            ①
    int m,n;
    …
    {                                                                        ②
        int p,q;                 //变量 p、q 在复合语句②中有效，在复合语句①中无效
        …                        //变量 m、n 在复合语句①、②中均有效
    }
}
```

说明：

（1）主函数 main 中定义的变量(m,n)也只在主函数中有效，不会因为在主函数中定义而在整个文件或程序中有效。主函数也不能使用其他函数中定义的变量。

（2）不同函数中可以使用同名的变量，它们代表不同的对象，互不干扰。例如，在 fun1 函数中定义了变量 b 和 c，在 fun2 函数中也定义了变量 b 和 c，它们在内存中占用不同的单元，不会混淆。

（3）可以在一个函数内的复合语句中定义变量，这些变量只在本复合语句中有效，这种复合语句也称为分程序或程序块。例如主函数 main 中定义的变量(p,q)。

（4）形式参数也是局部变量。例如 fun1 函数中的形参 a 也只在 fun1 函数中有效，其他函数不能调用。

（5）在函数声明中出现的参数名，其作用范围只在本行的括号内。实际上，编译系统对函数声明中的变量名是忽略的，即使在调用函数时也没有为它们分配存储单元。例如：

```
int min(int m,int n);    //函数声明中出现 m、n
…
int min(int x,int y)     //函数定义，形参是 x、y
{
    cout<<x<<y<<endl;        //合法，x、y 在函数体中有效
    cout<<m<<n<<endl;        //非法，m、n 在函数体中无效
}
```

编译时认为min函数体中的m和n未经定义。

4.3.2 全局变量

程序的编译单位是源程序文件，一个源文件可以包含一个或若干个函数。在函数内定义的变量是局部变量，而在函数之外定义的变量是外部变量，称为全局变量。全局变量的有效范围为从定义变量的位置开始到本源文件结束。例如：

```
char c1,c2;                        //全局变量
float fun1(float a)                //定义函数 fun1
{
    int b,c;
    …
}
int p1=10,p2=25;                   //全局变量
char fun2 (int x, int y)           //定义函数 fun2
{
    int m,n;
    …
}
main()                             //主函数
{
    int m,n;
    …
}
```

c1、c2、p1、p2都是全局变量，但它们的作用范围不同，在main函数和fun2函数中可以使用全局变量c1、c2、p1、p2，但在函数fun1中只能使用全局变量c1、c2，而不能使用全局变量p1、p2。

在一个函数中既可以使用本函数中的局部变量，又可以使用有效的全局变量。

说明：

（1）设全局变量的作用是增加函数间数据联系的渠道。

（2）建议不在必要时不要使用全局变量，因为：

- 全局变量在程序的全部执行过程中都占用存储单元，而不是仅在需要时才开辟单元。
- 它使函数的通用性降低了，因为在执行函数时要受到外部变量的影响。如果将一个函数移到另一个文件中，还要将有关的外部变量及其值一起移过去。但如果该外部变量与其他文件的变量同名，就会出现问题，降低了程序的可靠性和通用性。一般要求把程序中的函数做成一个封闭体，除了可以通过“实参－形参”的渠道与外界发生联系外，没有其他渠道。这样的程序移植性好、可读性强。
- 使用全局变量过多会降低程序的清晰性。在各个函数执行时都可能改变全局变量的值，程序容易出错，因此要限制使用全局变量。

（3）如果在同一个源文件中全局变量与局部变量同名，则在局部变量的作用范围内全局变量被屏蔽，即它不起作用。

变量的有效范围称为变量的作用域。C++变量共有4种不同的作用域，分别为文件作用域、函数作用域、块作用域即复合语句块和函数原型作用域。文件作用域是全局的，其他三者是局部的。

4.4 “文件包含”处理

4.4.1 “文件包含”的作用

所谓“文件包含”处理是指一个源文件可以将另外一个源文件的全部内容包含进来，即将另外的文件包含到本文件之中。C++提供了#include 命令用来实现“文件包含”的操作。如在 file1.cpp 中有以下#include 命令：

```
#include "file2.cpp"
```

它的作用如图 4-2 所示。

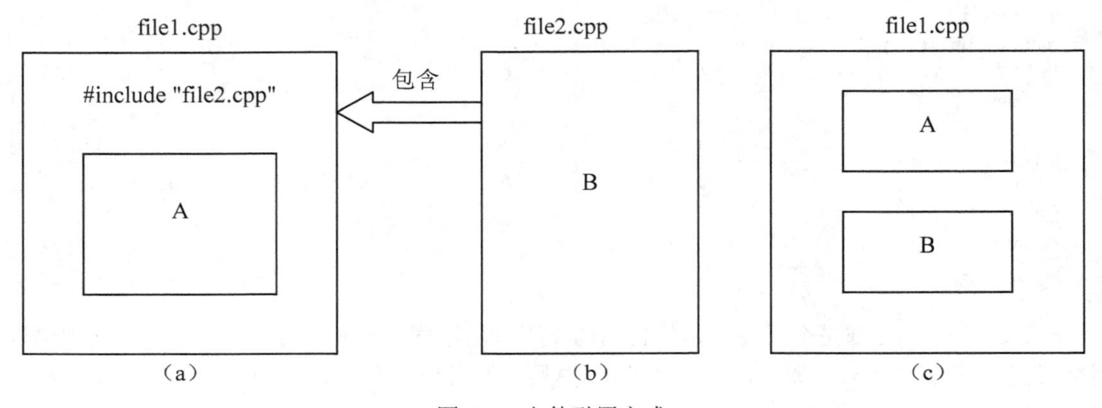

图 4-2 文件引用方式

“文件包含”命令是很有用的，它可以节省程序设计人员的重复劳动。#include 命令的应用很广泛，绝大多数 C++程序中都包括#include 命令。现在，库函数的开发者把这些信息写在一个文件中，用户只需将该文件“包含”进来即可，这就大大简化了程序，写一行#include 命令的作用相当于写几十行、几百行甚至更多行的内容。这种常用在文件头部的被包含的文件称为“标题文件”或“头部文件”。

头文件一般包含以下几类内容：

- 对类型的声明。
- 函数声明。
- 内置（inline）函数的定义。
- 宏定义。用#define 定义的符号常量和用 const 声明的常变量。
- 全局变量定义。
- 外部变量声明，如 entern int a;。
- 根据需要包含其他头文件。

不同的头文件包括以上不同的信息，提供给程序设计者使用，这样程序设计者不需要自己重复书写这些信息，只需要用一行#include 命令就把这些信息包含到本文件中了，大大提高了编程效率。由于有了#include 命令，就把不同的文件组合在一起形成一个文件，因此说头文件是源文件之间的接口。

4.4.2 include 命令的两种形式

在#include 命令中，文件名除了可以用尖括号括起来以外，还可以用双撇号括起来。#include 命令的一般形式为：

```
#include <文件名>
```

或

```
#include "文件名"
```

例如：

```
#include <iostream>
```

或

```
#include "iostream"
```

以上两种写法均是合法的。二者的区别是：用尖括号时，系统到系统目录中寻找要包含的文件，如果找不到，编译系统就给出出错信息；有时被包含的文件不一定在系统目录中，这时应该用双撇号形式，在双撇号中指出文件路径和文件名。

如果在双撇号中没有给出绝对路径，如#include "file2.c"，则默认指用户当前目录中的文件。系统先在用户当前目录中寻找要包含的文件，若找不到，再按标准方式查找。如果程序中要包含的是用户自己编写的文件，则宜用双撇号形式。

4.4.3 关于 C++标准库

在 C++编译系统中，提供了许多系统函数和宏定义，而对函数的声明则分别存放在不同的头文件中。如果要调用某一个函数，就必须用#include 命令将有关的头文件包含进来。C++的库除了保留 C 的大部分系统函数和宏定义外，还增加了预定义的模板和类。但是不同 C++库的内容不完全相同，由各 C++编译系统自行决定。不久前推出的 C++标准将库的建设也纳入标准，规范化了 C++标准库，以便使 C++程序能够在不同的 C++平台上工作，便于互相移植。新的 C++标准库中的头文件一般不再包括后缀.h，例如：

```
#include <string>
```

但为了使大批已有的 C 程序能够继续使用，许多 C++编译系统保留了 C 的头文件，即提供两种不同的头文件，由程序设计者选用。例如：

```
#include <iostream.h>        //C 形式的头文件
#include <iostream>          //C++形式的头文件
```

效果基本上是一样的。建议尽量用符合 C++标准的形式，即在包含 C++头文件时一般不用后缀。如果用户自己编写头文件，则可以用.h 后缀。

4.5 案例解析

例 4.5 使用函数编写程序，完成以下功能：输入一个十六进制数，输出相应的十进制数。

```
#include "iostream"
using namespace std;

#define MAX 1000
int main()
{
    int htoi(char s[]);
```

```
    int c,i,flag,flag1;
    char t[MAX];
    i=0;
    flag=0;
    flag1=1;
    cout<<"input a HEX number:";
    cin>>c;
    while(c!='\0' && i<MAX&& flag1)
    {
        if (c>='0' && c<='9'||c>='a' && c<='f'||c>='A' && c<='F')
        {
            flag=1;
            t[i++]=c;
        }
        else if (flag)
        {
            t[i]='\0';
            cout<<"decimal   number "<<htoi(t)<<endl;
            cout<<"continue or not?";
            cin>>c;
            if (c=='N'||c=='n')
                flag1=0;
            else
            {
                flag=0;
                i=0;
                cout<<"\ninput a HEX number:";
            }
        }
    }
    return 0;
}
int htoi(char s[])
{
    int i,n;
    n=0;
    for (i=0;s[i]!='\0';i++)
    {
        if (s[i]>='0'&& s[i]<='9')
            n=n*16+s[i]-'0';
        if (s[i]>='a' && s[i]<='f')
            n=n*16+s[i]-'a'+10;
        if (s[i]>='A' && s[i]<='F')
            n=n*16+s[i]-'A'+10;
    }
    return(n);
}
```

例 4.6 使用函数编写程序，完成以下功能：给出年、月、日，计算该日是该年的第几天。

```
#include "iostream"
using namespace std;
int main()
{
    int sum_day(int month,int day);
    int leap(int year);
```

```
        int year,month,day,days;
        cout<<"input date(year,month,day):";
        cin>>year>>month>>day;
        cout<<year<<"/"<<month<<"/"<<day;
        days=sum_day(month,day);                    /* 调用函数 sum_day */
        if(leap(year)&&month>=3)                    /* 调用函数 leap */
            days=days+1;
        cout<<"is the "<<days<<"th day in this year."<<endl;
        return 0;
}

int sum_day(int month,int day)                     /* 函数 sum_day：计算日期 */
{
        int day_tab[13]={0,31,28,31,30,31,30,31,31,30,31,30,31};
        int i;
        for (i=1;i<month;i++)
            day+=day_tab[i];                        /* 累加所在月之前天数 */
        return(day);
}                                                   /* 函数 leap：判断是否为闰年 */

int leap(int year)
{
        int leap;
        leap=year%4==0&&year%100!=0||year%400==0;
        return(leap);
}
```

4.6 实训任务　函数的应用

实训目的：

1．熟练掌握 C++编程规范。

2．掌握函数的定义与调用。

3．掌握递归的使用方法。

4．掌握使用函数解决问题的技巧。

实训环境：

Visual C++ 6.0

实训内容：

1．编程完成以下任务：在主函数中输入一个整数，判断是否为素数并将判断结果输出。判断是否为素数这部分功能的语句要单独写进一个子函数中。

2．编写一个函数，使输入的字符串按反序存放，在主函数中输入和输出字符串。

3．使用递归法完成以下任务：将输入的整数 N（N 的位数为大于等于 1 且小于等于 10）转换为字符串，例如输入整数 123，应转换为字符串“123”，并将其输出。

5 指针与引用

指针是 C++语言中广泛使用的一种数据类型。运用指针编程是 C++语言最主要的风格之一，利用指针变量可以表示各种数据结构，能很方便地使用数组和字符串。指针极大地丰富了 C++语言的功能，学习指针是学习 C++语言的最重要的一环，能否正确理解和使用指针是我们是否掌握了 C++语言的一个标志。

对一个数据还可以使用“引用”（reference），这是 C++对 C 的一个重要扩充，引用是一种新的变量类型，它的作用是为一个变量起一个别名。本章将介绍指针和引用的具体知识点，并结合具体实例进行讲解。

5.1 地址指针的基本概念

在计算机中，所有的数据都是存放在存储器中的。一般把存储器中的一个字节称为一个内存单元，不同的数据类型所占用的内存单元数不等，如整型量占 2 个单元、字符型量占 1 个单元、双精度型量占 8 个单元等。为了正确地访问这些内存单元，必须为每个内存单元编上号。根据一个内存单元的编号即可准确地找到该内存单元，内存单元的编号也叫做地址。既然根据内存单元的编号或地址就可以找到所需要的内存单元，所以通常也把这个地址称为指针。内存单元的指针和内存单元的内容是两个不同的概念。对于一个内存单元来说，单元的地址即为指针，其中存放的数据才是该单元的内容。在 C++语言中，允许用一个变量来存放指针，这种变量称为指针变量。因此，一个指针变量的值就是某个内存单元的地址或称为某内存单元的指针。

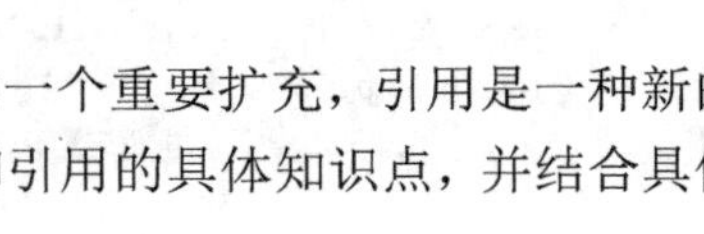

图 5-1 中，设有字符变量 c，其内容为"A"（ASCII 码为十进制数 65），c 占用了 011A 号单元（地址用十六进数表示）。设有指针变量 p，内容为 011A，这种情况我们称为 p 指向变量 c，或者说 p 是指向变量 c 的指针。

图 5-1 指针与变量

严格地说，一个指针是一个地址，是一个常量。而一个指针变量却可以被赋予不同的指针值，是变量。但常把指针变量简称为指针。为了避免混淆，我们约定：“指针”是指地址，是常量，“指针变量”是指取值为地址的变量。定义指针的目的是为了通过指针去访问内存单元。

既然指针变量的值是一个地址，那么这个地址不仅可以是变量的地址，也可以是其他数据结构的地址。在一个指针变量中存放一个数组的首地址有什么意义呢？因为数组是连续存放的，通过访问指针变量取得了数组的首地址也就找到了该数组。这样一来，凡是出现数组的地方都可以用一个指针变量来表示，只要该指针变量中赋予数组的首地址即可。这样做，将会使程序的概念十分清楚，程序本身也精练、高效。在 C++语言中，一种数据类型或数据结构往往都占有一组连续的内存单元。用“地址”这个概念并不能很好地描述一种数据类型或数据结构，而“指针”虽然实际上也是一个地址，但它却是一个数据结构的首地址，它是“指向”一个数据结构的，因而概念更为清楚，表示更为明确。这也是引入“指针”概念的一个重要原因。

5.2　变量的指针和指向变量的指针变量

变量的指针就是变量的地址，存放变量地址的变量是指针变量。即在 C++语言中，允许用一个变量来存放指针，这种变量称为指针变量。因此，一个指针变量的值就是某个变量的地址或称为某变量的指针。为了表示指针变量和它所指向的变量之间的关系，在程序中用“*”符号表示“指向”，例如 p 代表指针变量，而*p 是 i 所指向的变量，如图 5-2 所示。

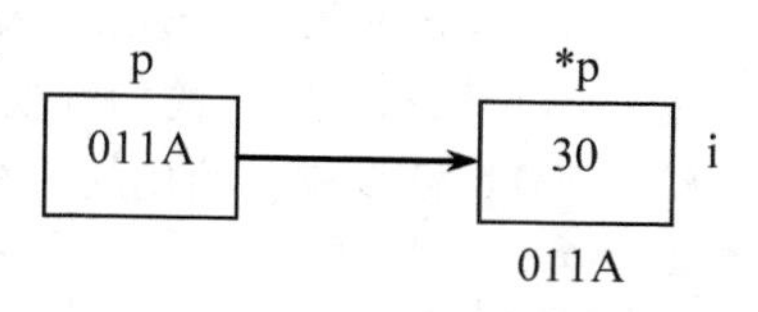

图 5-2　指针与变量

因此，下面两个语句作用相同：

```
i=30;
*p=30;
```

第二个语句的含义是将 30 赋给指针变量 p 所指向的变量。

5.2.1　定义一个指针变量

对指针变量的定义包括以下三个内容：

- 指针类型说明，即定义变量为一个指针变量。
- 指针变量名。
- 变量值（指针）所指向的变量的数据类型。

其一般形式为：

```
类型说明符 *变量名;
```

其中，*表示这是一个指针变量，变量名即为定义的指针变量名，类型说明符表示本指针变量所指向的变量的数据类型。例如：

```
int *p1;
```

表示 p1 是一个指针变量，它的值是某个整型变量的地址。或者说 p1 指向一个整型变量。至于 p1 究竟指向哪一个整型变量，应由向 p1 赋予的地址来决定。

再如：

```
int *p2;       /*p2 是指向整型变量的指针变量*/
float *p3;     /*p3 是指向浮点型变量的指针变量*/
char *p4;      /*p4 是指向字符型变量的指针变量*/
```

应该注意的是，一个指针变量只能指向相同类型的变量，如 p3 只能指向浮点型变量，不能时而指向一个浮点型变量，时而又指向一个字符型变量。

5.2.2 指针变量的引用

指针变量同普通变量一样，使用之前不仅要定义说明，而且必须赋予具体的值。未经赋值的指针变量不能使用，否则将造成系统混乱。指针变量的赋值只能赋予地址，决不能赋予任何其他数据，否则将引起错误。在 C++语言中，变量的地址是由编译系统分配的，对用户完全透明，用户不知道变量的具体地址。

两个有关的运算符：

- &：取地址运算符。
- *：指针运算符（或称“间接访问”运算符）。

C++语言中提供了地址运算符&来表示变量的地址，其一般形式为：

```
&变量名;
```

如&a 表示变量 a 的地址，&b 表示变量 b 的地址。变量本身必须预先说明。

设有指向整型变量的指针变量 p，如果要把整型变量 a 的地址赋予 p，则可以有以下两种方式：

（1）指针变量初始化的方法。

```
int a;
int *p=&a;
```

（2）赋值语句的方法。

```
int a;
int *p;
p=&a;
```

不允许把一个数赋予指针变量，因此下面的赋值是错误的：

```
int *p;
p=1000;
```

被赋值的指针变量前不能再加“*”说明符，例如写为*p=&a 也是错误的。假设：

```
int i=200, x;
int *ip;
```

我们定义了两个整型变量 i、x，还定义了一个指向整型数的指针变量 ip。I、x 中可以存放整数，而 ip 中只能存放整型变量的地址。我们可以把 i 的地址赋给 ip：

```
ip=&i;
```

此时指针变量 ip 指向整型变量 i，假设变量 i 的地址为 1800，这个赋值可以形象地理解为图 5-3 所示的联系。

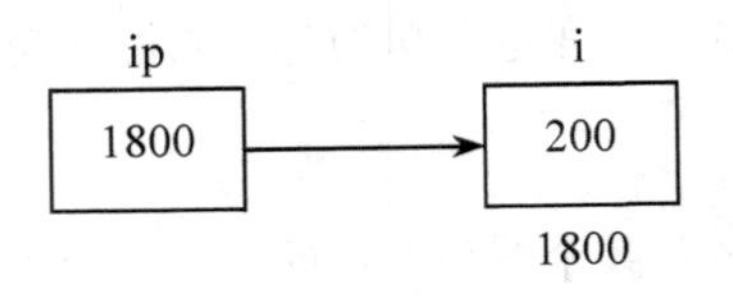

图 5-3 整型指针与变量

以后我们便可以通过指针变量 ip 来间接访问变量 i，例如：

```
x=*ip;
```

运算符*访问以 ip 为地址的存储区域，而 ip 中存放的是变量 i 的地址，因此*ip 访问的是地址为 1800 的存储区域（因为是整数，实际上是从 1800 开始的两个字节），它就是 i 所占用的存储区域，所以上面的赋值表达式等价于：

```
x=i;
```

另外，指针变量和一般变量一样，存放在它们之中的值是可以改变的，也就是说可以改变它们的指向，假设：

```
int i,j,*p1,*p2;
i=10;
j=20;
p1=&i;
p2=&j;
```

则建立如图 5-4 所示的联系。

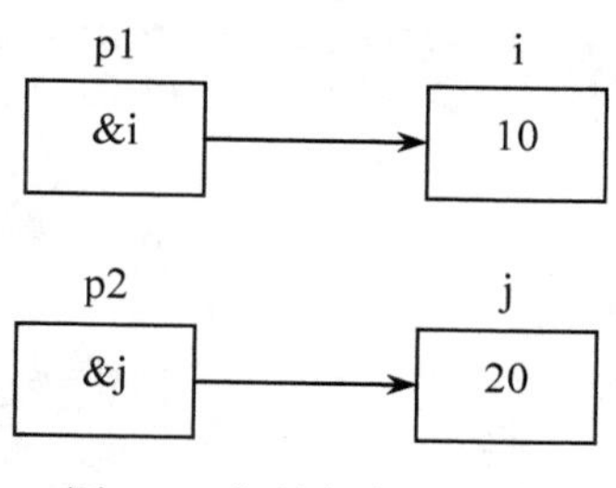

图 5-4　指针与变量关系

这时赋值表达式：

```
p2=p1
```

就使 p2 与 p1 指向同一个对象 i，此时*p2 就等价于 i，而不是 j，如图 5-5 所示。

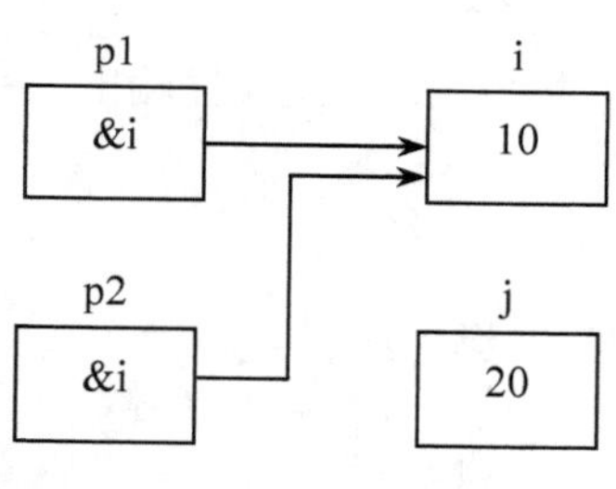

图 5-5　指向同一变量

如果执行如下表达式：

```
*p2=*p1;
```

则表示把 p1 指向的内容赋给 p2 所指的区域，此时就变成如图 5-6 所示。

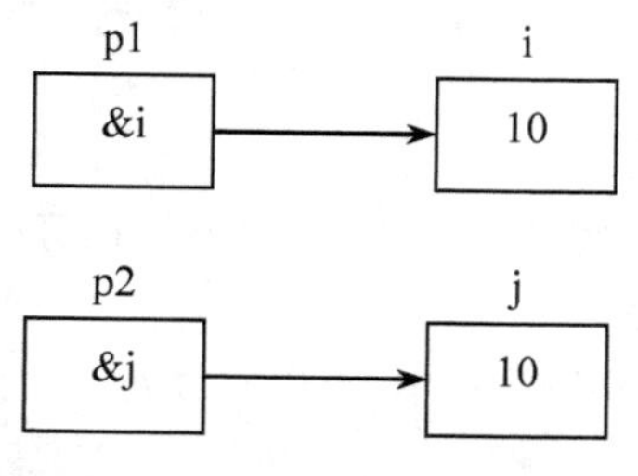

图 5-6　变量值发生改变

通过指针访问它所指向的一个变量是以间接访问的形式进行的，所以比直接访问一个变量要费时间，而且不直观，因为通过指针要访问哪一个变量取决于指针的值（即指向），例如“*p2=*p1;”实际上就是“j=i;”，前者不仅速度慢而且目的不明确。但由于指针是变量，因此我们可以通过改变它们的指向以间接访问不同的变量，这给程序员带来了灵活性，也使程序代码编写变得更为简洁和有效。

指针变量可以出现在表达式中，设：

```
int x,y,*px=&x;
```

指针变量 px 指向整数 x，则*px 可以出现在 x 能出现的任何地方。例如：

```
y=*px+5;        /*表示把 x 的内容加 5 并赋给 y*/
y=++*px;        /*px 的内容加上 1 之后赋给 y，++*px 相当于++(*px)*/
y=*px++;        /*相当于 y=*px;px++*/
```

例 5.1

```
#include "iostream"
using namespace std;
int main()
{
    int a,b;
    int *pointer_1, *pointer_2;
    a=100;b=10;
    pointer_1=&a;
    pointer_2=&b;
    cout<<a<<","<<b<<endl;
    cout<<*pointer_1<<","<< *pointer_2<<endl;
    return 0;
}
```

例 5.2 输入 a 和 b 两个整数，按先大后小的顺序输出 a 和 b。

```
#include "iostream"
using namespace std;
int main()
{
    int *p1,*p2,*p,a,b;
    scanf("%d,%d",&a,&b);
    p1=&a;p2=&b;
    if(a<b)
    {
        p=p1;p1=p2;p2=p;
    }
    cout<<"a="<<a<<",b="<<b<<endl;
    cout<<"max="<<*p1<<",min="<<*p2<<endl;
    return 0;
}
```

5.2.3 指针变量作为函数参数

函数的参数不仅可以是整型、实型、字符型等数据，还可以是指针类型。它的作用是将一个变量的地址传送到另一个函数中。

例 5.3 输入的两个整数按大小顺序输出。今用函数处理，而且用指针类型的数据作为函数参数。

```
#include "iostream"
using namespace std;
swap(int *p1,int *p2)
{
```

```
    int temp;
    temp=*p1;
    *p1=*p2;
    *p2=temp;
}
int main()
{
    int a,b;
    int *pointer_1,*pointer_2;
    cin>>a>>b;
    pointer_1=&a;pointer_2=&b;
    if(a<b)
        swap(pointer_1,pointer_2);
    cout<<"a="<<a<<",b="<<b<<endl;
    return 0;
}
```

对程序的说明：swap 是用户定义的函数，作用是交换两个变量（a 和 b）的值。swap 函数的形参 p1、p2 是指针变量。程序运行时，先执行 main 函数，输入 a 和 b 的值；然后将 a 和 b 的地址分别赋给指针变量 pointer_1 和 pointer_2，使 pointer_1 指向 a，pointer_2 指向 b。

例 5.4　不能企图通过改变指针形参的值而使指针实参的值改变。

```
#include "iostream"
using namespace std;
swap(int *p1,int *p2)
{
    int *p;
    p=p1;
    p1=p2;
    p2=p;
}
int main()
{
    int a,b;
    int *pointer_1,*pointer_2;
    cin>>a>>b;
    pointer_1=&a;pointer_2=&b;
    if(a<b)
        swap(pointer_1,pointer_2);
    cout<<*pointer_1<<","<<*pointer_2<<endl;
    return 0;
}
```

例 5.5　输入 a、b、c 三个整数，按大小顺序输出。

```
#include "iostream"
using namespace std;
swap(int *pt1,int *pt2)
{
    int temp;
    temp=*pt1;
    *pt1=*pt2;
    *pt2=temp;
}
exchange(int *q1,int *q2,int *q3)
{
    if(*q1<*q2)
```

```
        swap(q1,q2);
    if(*q1<*q3)
        swap(q1,q3);
    if(*q2<*q3)
        swap(q2,q3);
}
int main()
{
    int a,b,c,*p1,*p2,*p3;
    cin>>a>>b>>c;
    p1=&a;p2=&b; p3=&c;
    exchange(p1,p2,p3);
    cout<<a<<","<<b<<","<<c<<endl;
    return 0;
}
```

5.2.4 指针变量几个问题的进一步说明

指针变量可以进行某些运算，但其运算的种类是有限的。它只能进行赋值运算和部分算术运算及关系运算。

1. 指针运算符

- 取地址运算符&：取地址运算符&是单目运算符，其结合性为自右至左，功能是取变量的地址。在 scanf 函数及前面介绍的指针变量赋值中，我们已经了解并使用了&运算符。
- 取内容运算符*：取内容运算符*是单目运算符，其结合性为自右至左，用来表示指针变量所指的变量。在*运算符之后跟的变量必须是指针变量。

需要注意的是，指针运算符*和指针变量说明中的指针说明符*不是一回事。在指针变量说明中，*是类型说明符，表示其后的变量是指针类型；而表达式中出现的*则是一个运算符，用以表示指针变量所指的变量。

```
#include "iostream"
using namespace std;
int main()
{
    int a=5,*p=&a;
    cout<<*p<<endl;
    return 0;
}
```

表示指针变量 p 取得了整型变量 a 的地址。printf("%d",*p)语句表示输出变量 a 的值。

2. 指针变量的运算

（1）赋值运算：指针变量的赋值运算有以下几种形式：

- 指针变量初始化赋值，前面已作介绍。
- 把一个变量的地址赋予指向相同数据类型的指针变量。例如：

```
int a,*pa;
pa=&a;                    /*把整型变量 a 的地址赋予整型指针变量 pa*/
```

- 把一个指针变量的值赋予指向相同类型变量的另一个指针变量。例如：

```
int a,*pa=&a,*pb;
pb=pa;                    /*把 a 的地址赋予指针变量 pb*/
```

由于 pa、pb 均为指向整型变量的指针变量，因此可以相互赋值。

● 把数组的首地址赋予指向数组的指针变量。例如：

```
int a[5],*pa;
pa=a;        /*数组名表示数组的首地址，因此可以赋予指向数组的指针变量 pa*/
```

也可以写成：

```
pa=&a[0];        /*数组第一个元素的地址也是整个数组的首地址，也可以赋予 pa*/
```

当然也可以采取初始化赋值的方法：

```
int a[5],*pa=a;
```

● 把字符串的首地址赋予指向字符类型的指针变量。例如：

```
char *pc;
pc="C Language";
```

或用初始化赋值的方法写成：

```
char *pc="C Language";
```

这里应该说明的是，并不是把整个字符串装入指针变量，而是把存放该字符串的字符数组的首地址装入指针变量。在后面还将详细介绍。

（2）加减算术运算。

对于指向数组的指针变量，可以加上或减去一个整数 n。设 pa 是指向数组 a 的指针变量，则 pa+n、pa-n、pa++、++pa、pa--、--pa 运算都是合法的。指针变量加或减一个整数 n 的意义是把指针指向的当前位置（指向某数组元素）向前或向后移动 n 个位置。应该注意，数组指针变量向前或向后移动一个位置和地址加 1 或减 1 在概念上是不同的。因为数组可以有不同的类型，各种类型的数组元素所占的字节长度是不同的。如指针变量加 1，即向后移动 1 个位置表示指针变量指向下一个数据元素的首地址，而不是在原地址基础上加 1。例如：

```
int a[5],*pa;
pa=a;         /*pa 指向数组 a，也是指向 a[0]*/
pa=pa+2;      /*pa 指向 a[2]，即 pa 的值为&pa[2]*/
```

指针变量的加减运算只能对数组指针变量进行，对指向其他类型变量的指针变量作加减运算是毫无意义的。

（3）两个指针变量之间的运算：只有指向同一数组的两个指针变量之间才能进行运算，否则运算毫无意义。

1）两指针变量相减：两指针变量相减所得之差是两个指针所指数组元素之间相差的元素个数，实际上是两个指针值（地址）相减之差再除以该数组元素的长度（字节数）。例如 pf1 和 pf2 是指向同一浮点型数组的两个指针变量，设 pf1 的值为 2010H，pf2 的值为 2000H，而浮点型数组每个元素占 4 个字节，所以 pf1-pf2 的结果为(2000H-2010H)/4=4，表示 pf1 和 pf2 之间相差 4 个元素。两个指针变量不能进行加法运算。例如 pf1+pf2 是什么意思呢？毫无实际意义。

2）两指针变量进行关系运算：指向同一数组的两指针变量进行关系运算可以表示它们所指数组元素之间的关系。例如：pf1==pf2 表示 pf1 和 pf2 指向同一数组元素；pf1>pf2 表示 pf1 处于高地址位置；pf1<pf2 表示 pf2 处于低地址位置。

指针变量还可以与 0 比较。设 p 为指针变量，则 p==0 表明 p 是空指针，它不指向任何变量；p!=0 表示 p 不是空指针。空指针是由对指针变量赋予 0 值而得到的。例如：

```
#define NULL 0
int *p=NULL;
```

对指针变量赋 0 值和不赋值是不同的。指针变量未赋值时可以是任意值，是不能使用的，否则将造成意外错误。而指针变量赋 0 值后则可以使用，只是它不指向具体的变量而已。

例 5.6

```
#include "iostream"
using namespace std;
int main()
{
    int a=10,b=20,s,t,*pa,*pb;              /*说明 pa、pb 为整型指针变量*/
    pa=&a;                                  /*给指针变量 pa 赋值，pa 指向变量 a*/
    pb=&b;                                  /*给指针变量 pb 赋值，pb 指向变量 b*/
    s=*pa+*pb;                              /*求 a+b 之和，*pa 就是 a，*pb 就是 b*/
    t=*pa**pb;                              /*求 a*b 之积*/
    cout<<"a="<<a<<"\nb="<<b<<"\na+b="<<a+b<<"\na*b="<<a*b<<endl;
    cout<<"s="<<s<<"\nt="<<t<<endl;
    return 0;
}
```

例 5.7

```
#include "iostream"
using namespace std;
int main()
{
    int a,b,c,*pmax,*pmin;                  /*pmax、pmin 为整型指针变量*/
    cout<<"input three numbers: "<<endl;    /*输入提示*/
    cin>>a>>b>>c;                           /*输入三个数字*/
    if(a>b)
    {                                       /*如果第一个数字大于第二个数字*/
        pmax=&a;                            /*指针变量赋值*/
        pmin=&b;
    }                                       /*指针变量赋值*/
    else
    {
        pmax=&b;                            /*指针变量赋值*/
        pmin=&a;
    }                                       /*指针变量赋值*/
    if(c>*pmax)
        pmax=&c;                            /*判断并赋值*/
    if(c<*pmin)
        pmin=&c;                            /*判断并赋值*/
    cout<<"max="<<*pmax <<"\nmin="<<*pmin <<endl;         /*输出结果*/
    return 0;
}
```

5.3 数组的指针和指向数组的指针变量

一个变量有一个地址，一个数组包含若干元素，每个数组元素都在内存中占用存储单元，它们都有相应的地址。所谓数组的指针是指数组的起始地址，数组元素的指针是数组元素的地址。

5.3.1 指向数组元素的指针

一个数组是由连续的一块内存单元组成的。数组名就是这块连续内存单元的首地址。一个数组也是由各个数组元素（下标变量）组成的。每个数组元素按其类型不同占有几个连续的内存单元。一个数组元素的首地址也是指它所占有的几个内存单元的首地址。定义一个指向数组元素的指针变量的方法与以前介绍的指针变量相同。

例如：

```
int a[10];                    /*定义 a 为包含 10 个整型数据的数组*/
int *p;                       /*定义 p 为指向整型变量的指针*/
```

应当注意，因为数组为 int 型，所以指针变量也应为指向 int 型的指针变量。下面是对指针变量赋值：

```
p=&a[0];
```

把 a[0]元素的地址赋给指针变量 p。也就是说，p 指向 a 数组的第 0 号元素。C++语言规定，数组名代表数组的首地址，也就是第 0 号元素的地址。因此，下面两个语句等价：

```
p=&a[0];
p=a;
```

在定义指针变量时可以赋给初值：

```
int *p=&a[0];
```

它等效于：

```
int *p;
p=&a[0];
```

当然定义时也可以写成：

```
int *p=a;
```

p、a、&a[0]均指向同一单元，它们是数组 a 的首地址，也是 0 号元素 a[0]的首地址。应该说明的是，p 是变量，而 a、&a[0]都是常量，不能对它们进行赋值操作，在编程时应予以注意。

数组指针变量说明的一般形式为：

```
类型说明符 *指针变量名;
```

其中类型说明符表示所指数组的类型。从一般形式可以看出指向数组的指针变量和指向普通变量的指针变量的说明是相同的。

5.3.2 通过指针引用数组元素

C++语言规定：如果指针变量 p 已指向数组中的一个元素，则 p+1 指向同一数组中的下一个元素。引入指针变量后，就可以用两种方法来访问数组元素了。如果 p 的初值为&a[0]，则：

- p+i 和 a+i 就是 a[i]的地址，或者说它们指向 a 数组的第 i 个元素。
- *(p+i)或*(a+i)就是 p+i 或 a+i 所指向的数组元素，即 a[i]。例如，*(p+5)或*(a+5)就是 a[5]。
- 指向数组的指针变量也可以带下标，如 p[i]与*(p+i)等价。

根据以上叙述，引用一个数组元素可以用：

- 下标法：即用 a[i]形式访问数组元素。在前面介绍数组时都是采用这种方法。
- 指针法：即采用*(a+i)或*(p+i)形式，用间接访问的方法来访问数组元素，其中 a 是数组名，p 是指向数组的指针变量，其初值 p=a。

例 5.8 输出数组中的全部元素。（下标法）

```
#include "iostream"
using namespace std;
int main()
{
    int a[10],i;
    for(i=0;i<10;i++)
        a[i]=i;
    for(i=0;i<5;i++)
```

```
        cout<<"a["<<i<<"]="<<a[i]<<endl;
    return 0;
}
```

例 5.9　输出数组中的全部元素。（通过数组名计算元素的地址，找出元素的值）

```
#include "iostream"
using namespace std;
int main()
{
    int a[10],i;
    for(i=0;i<10;i++)
        *(a+i)=i;
    for(i=0;i<10;i++)
        cout<<"a["<<i<<"]="<<*(a+i)<<endl;
    return 0;
}
```

例 5.10　输出数组中的全部元素。（用指针变量指向元素）

```
#include "iostream"
using namespace std;
int main()
{
    int a[10],I,*p;
    p=a;
    for(i=0;i<10;i++)
        *(p+i)=i;
    for(i=0;i<10;i++)
        cout<<"a["<<i<<"]="<<*(p+i)<<endl;
    return 0;
}
```

例 5.11

```
#include "iostream"
using namespace std;
int main()
{
    int a[10],i,*p=a;
    for(i=0;i<10;)
    {
        *p=i;
        cout<<"a["<<i++<<"]="<<,*p++<<endl;
    }
    return 0;
}
```

几个需要注意的问题：

- 指针变量可以实现本身的值的改变。如 p++是合法的，而 a++是错误的。因为 a 是数组名，它是数组的首地址，是常量。
- 要注意指针变量的当前值。请看下面的程序。

例 5.12　找出错误。

```
#include "iostream"
using namespace std;
int main()
{
    int *p,i,a[10];
    p=a;
```

```
    for(i=0;i<10;i++)
        *p++=i;
    for(i=0;i<10;i++)
        cout<<"a["<<i<<"]="<<,*p++<<endl;
    return 0;
}
```

例 5.13 改正。

```
#include "iostream"
using namespace std;
int main()
{
    int *p,i,a[10];
    p=a;
    for(i=0;i<10;i++)
        *p++=i;
    p=a;
    for(i=0;i<10;i++)
        cout<<"a["<<i<<"]="<<,*p++<<endl;
    return 0;
}
```

- 从例 5.13 可以看出，虽然定义数组时指定它包含 10 个元素，但指针变量可以指到数组以后的内存单元，系统并不认为非法。
- *p++，由于++和*优先级相同，结合方向自右至左，等价于*(p++)。
- *(p++)与*(++p)作用不同。若 p 的初值为 a，则*(p++)等价于 a[0]，*(++p)等价于 a[1]。
- (*p)++表示 p 所指向的元素值加 1。
- 如果 p 当前指向 a 数组中的第 i 个元素，则：*(p--)相当于 a[i--]；*(++p)相当于 a[++i]；*(--p)相当于 a[--i]。

5.3.3 数组名作函数参数

数组名可以用作函数的实参和形参，例如：

```
main()
{  int array[10];
   …
   …
   f(array,10);
   …
   …
}
f(int arr[],int n);
{
   …
   …
}
```

array 为实参数组名，arr 为形参数组名。在学习指针变量之后就更容易理解这个问题了。数组名就是数组的首地址，实参向形参传送数组名实际上就是传送数组的地址，形参得到该地址后也指向同一个数组。这就好象同一件物品有两个彼此不同的名称一样。同样，指针变量的值也是地址，数组指针变量的值即为数组的首地址，当然也可作为函数的参数使用。

例 5.14

```
#include "iostream"
using namespace std;
float aver(float *pa);
int main()
{
    float sco[5],av,*sp;
    int i;
    sp=sco;
    cout<<"input 5 scores: "<<endl;
    for(i=0;i<5;i++)
        cin>> sco[i];
    av=aver(sp);
    cout<<" average score is "<<av<<endl;
    return 0;
}
float aver(float *pa)
{
    int i;
    float av,s=0;
    for(i=0;i<5;i++)
        s=s+*pa++;
    av=s/5;
    return av;
}
```

例 5.15　将数组 a 中的 n 个整数按相反顺序存放。

算法为：将 a[0]与 a[n-1]对换，再 a[1]与 a[n-2]对换，……，直到将 a[(n-1/2)]与 a[n-int((n-1)/2)]对换。今用循环处理此问题，设两个“位置指示变量”i 和 j，i 的初值为 0，j 的初值为 n-1。将 a[i]与 a[j]交换，然后使 i 的值加 1，j 的值减 1，再将 a[i]与 a[j]交换，直到 i=(n-1)/2 为止。

```
#include "iostream"
using namespace std;

void inv(int x[],int n)          /*形参 x 是数组名*/
{
    int temp,i,j,m=(n-1)/2;
    for(i=0;i<=m;i++)
    {
        j=n-1-i;
        temp=x[i];x[i]=x[j];x[j]=temp;
    }
    return;
}
int main()
{
    int i,a[10]={3,7,9,11,0,6,7,5,4,2};
    cout<<"The original array: "<<endl;
    for(i=0;i<10;i++)
        cout<<a[i]<< "    ";
    cout<<endl;
    inv(a,10);
    cout<<"The array has benn inverted: "<<endl;
    for(i=0;i<10;i++)
        cout<<a[i]<< "    ";
```

```
    cout<<endl;
    return 0;
}
```

对此程序可以作一些改动，将函数 inv 中的形参 x 改成指针变量。

例 5.16 对例 5.15 可以作一些改动。将函数 inv 中的形参 x 改成指针变量。

```
#include "iostream"
using namespace std;

void inv(int *x,int n)          /*形参 x 为指针变量*/
{
    int *p,temp,*i,*j,m=(n-1)/2;
    i=x;j=x+n-1;p=x+m;
    for(;i<=p;i++,j--)
    {
        temp=*i;*i=*j;*j=temp;
    }
    return;
}
int main()
{
    int i,a[10]={3,7,9,11,0,6,7,5,4,2};
    cout<<"The original array: "<<endl;
    for(i=0;i<10;i++)
        cout<<a[i]<< "    ";
    cout<<endl;
    inv(a,10);
    cout<<"The array has benn inverted: "<<endl;
    for(i=0;i<10;i++)
        cout<<a[i]<< "    ";
    cout<<endl;
    return 0;
}
```

运行情况与前一程序相同。

例 5.17 从 10 个数中找出其中的最大值和最小值。

调用一个函数只能得到一个返回值，今用全局变量在函数之间“传递”数据。

```
#include "iostream"
using namespace std;

int max,min;        /*全局变量*/
void max_min_value(int array[],int n)
{
    int *p,*array_end;
    array_end=array+n;
    max=min=*array;
    for(p=array+1;p<array_end;p++)
    {
        if(*p>max)
            max=*p;
        else if (*p<min)
            min=*p;
    }
    return;
}
```

```
int main()
{
    int i,number[10];
    cout<<"enter 10 integer umbers: "<<endl;
    for(i=0;i<10;i++)
        cin>>number[i];
    max_min_value(number,10);
    cout<<"max="<<max<<",min="<<min<<endl;
    return 0;
}
```

说明：

（1）在函数 max_min_value 中求出的最大值和最小值放在 max 和 min 中。由于它们是全局变量，因此在主函数中可以直接使用。

（2）函数 max_min_value 中的语句：

```
max=min=*array;
```

array 是数组名，它接收从实参传来的数组 numuber 的首地址。

array 相当于(&array[0])。上述语句与 max=min=array[0];等价。

（3）在执行 for 循环时，p 的初值为 array+1，也就是使 p 指向 array[1]。以后每次执行 p++，使 p 指向下一个元素。每次将*p 和 max 与 min 比较，将大者放入 max，小者放入 min。

（4）函数 max_min_value 的形参 array 可以改为指针变量类型。实参也可以不用数组名，而用指针变量传递地址。

例 5.18 程序可改为：

```
#include "iostream"
using namespace std;

int max,min;          /*全局变量*/
void max_min_value(int *array,int n)
{
    int *p,*array_end;
    array_end=array+n;
    max=min=*array;
    for(p=array+1;p<array_end;p++)
    {
        if(*p>max)
            max=*p;
        else if (*p<min)
            min=*p;
    }
    return;
}
int main()
{
    int i,number[10],*p;
    p=number;          /*使 p 指向 number 数组*/
    cout<<"enter 10 integer umbers: "<<endl;
    for(i=0;i<10;i++,p++)
        cin>>*p;
    p=number;
    max_min_value(p,10);
    cout<<"max="<<max<<",min="<<min<<endl;
```

```
    return 0;
}
```

5.4 字符串的指针和指向字符串的指针变量

5.4.1 字符串的表示形式

在 C++语言中，可以用两种方法访问一个字符串：

（1）用字符数组存放一个字符串，然后输出该字符串。

例 5.19

```
#include "iostream"
using namespace std;
int main()
{
    char string[]="I love China!";
    cout<<string<<endl;
    return 0;
}
```

说明：和前面介绍的数组属性一样，string 是数组名，代表字符数组的首地址。

（2）用字符串指针指向一个字符串。

例 5.20

```
#include "iostream"
using namespace std;
int main()
{
    char *string="I love China!";
    cout<<string<<endl;
    return 0;
}
```

字符串指针变量的定义说明与指向字符变量的指针变量的说明是相同的，只能按对指针变量的赋值不同来区别。对指向字符变量的指针变量应赋予该字符变量的地址。例如：

```
char c,*p=&c;
```

表示 p 是一个指向字符变量 c 的指针变量，而：

```
char *s="C Language";
```

则表示 s 是一个指向字符串的指针变量，把字符串的首地址赋予 s。

上例中，首先定义 string 是一个字符指针变量，然后把字符串的首地址赋予 string（应写出整个字符串，以便编译系统把该字符串装入连续的一块内存单元中）并把首地址送入 string。程序中的：

```
char *ps="C Language";
```

等效于：

```
char *ps;
ps="C Language";
```

例 5.21 输出字符串中 n 个字符后的所有字符。

```
#include "iostream"
using namespace std;
int main()
{
    char *ps="this is a book";
```

```
    int n=10;
    ps=ps+n;
    cout<<ps<<endl;
    return 0;
}
```

运行结果为：

```
book
```

在程序中对 ps 初始化时即把字符串首地址赋予 ps，当 ps=ps+10 之后，ps 指向字符“b”，因此输出为“book”。

例 5.22 在输入的字符串中查找有无‘k’字符。

```
#include "iostream"
using namespace std;
int main()
{
    char st[20],*ps;
    int i;
    cout<<"input a string: "<<endl;
    ps=st;
    cin>>ps;
    for(i=0;ps[i]!='\0';i++)
    {
        if(ps[i]=='k')
        {
            cout<<"there is a 'k' in the string"<<endl;
            break;
        }
    }
    if(ps[i]=='\0')
        cout<<"There is no 'k' in the string."<<endl;
    return 0;
}
```

例 5.23 把字符串指针作为函数的参数使用。要求把一个字符串的内容复制到另一个字符串中，并且不能使用 strcpy 函数。函数 cprstr 的形参为两个字符指针变量：pss 指向源字符串，pds 指向目标字符串。注意表达式(*pds=*pss)!='\0'的用法。

```
#include "iostream"
using namespace std;

cpystr(char *pss,char *pds)
{
    while((*pds=*pss)!='\0')
    {
        pds++;
        pss++;
    }
}
int main()
{
    char *pa="CHINA",b[10],*pb;
    pb=b;
    cpystr(pa,pb);
    cout<<"string a="<<pa<<"\nstring b="<<pb<<endl;
    return 0;
}
```

在本例中，程序完成了两项工作：一是把 pss 指向的源字符串复制到 pds 所指向的目标字符串中；二是判断所复制的字符是否为'\0'，若是则表明源字符串结束，不再循环；否则，pds 和 pss 都加 1，指向下一个字符。在主函数中，以指针变量 pa、pb 为实参，分别取得确定值后调用 cprstr 函数。由于采用的指针变量 pa 和 pss、pb 和 pds 均指向同一个字符串，因此在主函数和 cprstr 函数中均可以使用这些字符串。也可以把 cprstr 函数简化为以下形式：

```
cprstr(char *pss,char*pds)
{while ((*pds++=*pss++)!='\0');}
```

即把指针的移动和赋值合并在一个语句中。进一步分析还可以发现'\0'的 ASCII 码为 0，对于 while 语句只看表达式的值为非 0 就循环，为 0 则结束循环，因此也可以省去“!='\0'”这一判断部分，而写为以下形式：

```
cprstr (char *pss,char *pds)
{while (*pdss++=*pss++);}
```

表达式的意义可以解释为，源字符向目标字符赋值，移动指针，若所赋值为非 0 则循环，否则结束循环。这样使程序变得更加简洁。

例 5.24　简化后的程序。

```
#include "iostream"
using namespace std;

cpystr(char *pss,char *pds)
{
    while(*pds++=*pss++);
}
int main()
{
    char *pa="CHINA",b[10],*pb;
    pb=b;
    cpystr(pa,pb);
    cout<<"string a="<<pa<<"\nstring b="<<pb<<endl;
    return 0;
}
```

5.4.2　使用字符串指针变量与字符数组的区别

用字符数组和字符指针变量都可以实现字符串的存储和运算，但是两者是有区别的。在使用时应该注意以下几个问题：

（1）字符串指针变量本身是一个变量，用于存放字符串的首地址。而字符串本身是存放在以该首地址为首的一块连续的内存空间中并以'\0'作为串的结束。字符数组是由若干个数组元素组成的，它可以用来存放整个字符串。

（2）对字符串指针方式：

```
char *ps="C Language";
```

可以写为：

```
char *ps;
ps="C Language";
```

而对数组方式：

```
static char st[]={"C Language"};
```

不能写为：

```
char st[20];
st={"C Language"};
```

而只能对字符数组的各个元素逐个赋值。

从以上几点可以看出字符串指针变量与字符数组在使用时的区别，同时也可以看出使用指针变量更加方便。

前面说过，当一个指针变量在未取得确定地址前使用是危险的，容易引起错误。但是对指针变量直接赋值是可以的。因为C系统对指针变量赋值时要给以确定的地址。

因此：

```
char *ps="C Langage";
```

或者

```
char *ps;
ps="C Language";
```

都是合法的。

5.5 引用

5.5.1 引用的说明

对一个数据可以使用“引用”（reference），这是C++对C的一个重要扩充，引用是一种新的变量类型，它的作用是为一个变量起一个别名。假如有一个变量a，想给它起一个别名b，可以这样写：

```
int a;              //定义 a 是整型变量
int &b=a;           //声明 b 是 a 的引用
```

以上语句声明了b是a的引用，即b是a的别名。经过这样的声明后，a和b的作用相同，都代表同一变量。

注意：在上述声明中，&是引用声明符，并不代表地址。不要理解为“把a的值赋给b的地址”。声明变量b为引用类型，并不需要另外开辟内存单元来存放b的值。b和a占用内存中的同一个存储单元，它们具有同一地址。声明b是a的引用，可以理解为：使变量b具有变量a的地址。如图5-7所示，如果a的值是20，则b的值也是20。

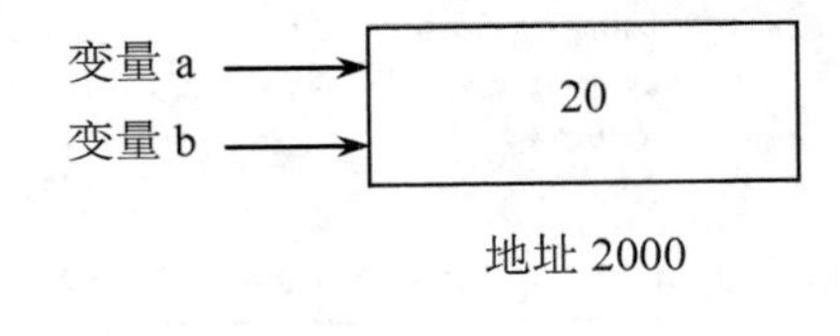

图 5-7　引用

在声明一个引用类型变量时，必须同时使之初始化，即声明它代表哪一个变量。在声明变量b是变量a的引用后，在它们所在的函数执行期间，该引用类型变量b始终与其代表的变量a相联系，不能再作为其他变量的引用（别名）。下面的用法不对：

```
int  a1,a2;
int  &b=a1;
int  &b=a2;                    //企图使 b 又变成 a2 的引用（别名）是不行的
```

5.5.2 引用的简单使用

例 5.25　引用和变量的关系。

```
#include <iostream>
#include <iomanip>
using namespace std;
int main()
{
    int a=10;
```

```
    int &b=a;                          //声明b是a的引用
    a=a*a;                             //a的值变化了，b的值也应一起变化
    cout<<a<<setw(6)<<b<<endl;
    b=b/5;                             //b的值变化了，a的值也应一起变化
    cout<<b<<setw(6)<<a<<endl;
    return 0;
}
```

a的值开始为10，b是a的引用，它的值当然也应该是10，当a的值变为100（a*a的值）时，b的值也随之变为100。在输出a和b的值后，b的值变为20，显然a的值也应为20。

运行结果如下：

```
100   100                  (a和b的值都是100)
20    20                   (a和b的值都是20)
```

5.5.3 引用作为函数参数

有了变量名，为什么还需要一个别名呢？C++之所以增加引用类型，主要是把它作为函数参数，以扩充函数传递数据的功能。

到目前为止，本书介绍过函数参数传递的两种情况。

（1）将变量名作为实参和形参。这时传给形参的是变量的值，传递是单向的。如果在执行函数期间形参的值发生变化，并不传回给实参。因为在调用函数时，形参和实参不是同一个存储单元。

例5.26 要求将变量i和j的值互换。下面的程序无法实现此要求。

```
#include <iostream>
using namespace std;
void swap(int,int);
int main()
{                          //函数声明
    int i=3,j=5;
    swap(i,j);                               //调用函数swap
    cout<<i<<" "<<j<<endl;                   //i和j的值未互换
    return 0;
}

void swap(int a,int b)       //企图通过形参a和b的值互换实现实参i和j的值互换
{
    int temp;
    temp=a;                                  //以下3行用来实现a和b的值互换
    a=b;
    b=temp;
}
```

运行时输出3 5，i和j的值并未互换，如图5-8所示。

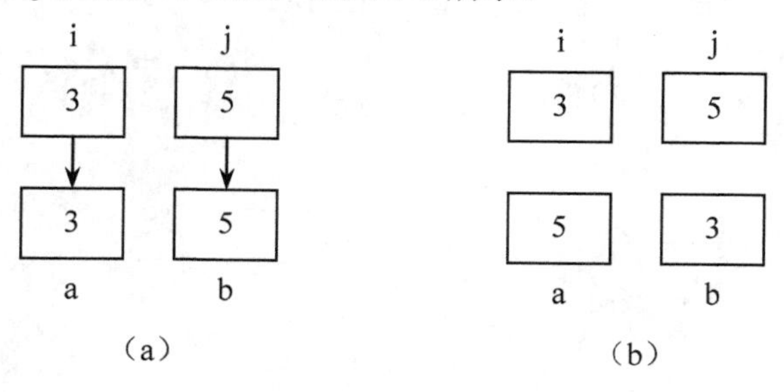

图5-8 按值传递

为了解决这个问题，采用传递变量地址的方法。

（2）传递变量的指针。形参是指针变量，实参是一个变量的地址，调用函数时，形参（指针变量）指向实参变量单元。

例 5.27 使用指针变量作形参，实现两个变量的值互换。

```
#include <iostream>
using namespace std;
void swap(int *,int *);
int main()
{
    int i=3,j=5;
    swap(&i,&j);                    //实参是变量的地址
    cout<<i<<" "<<j<<endl;          //i 和 j 的值已互换
    return 0;
}
void swap(int *p1,int *p2)          //形参是指针变量
{
    int temp;
    temp=*p1;                       //以下 3 行用来实现 i 和 j 的值互换
    *p1=*p2;
    *p2=temp;
}
```

形参与实参的结合如图 5-9 所示。

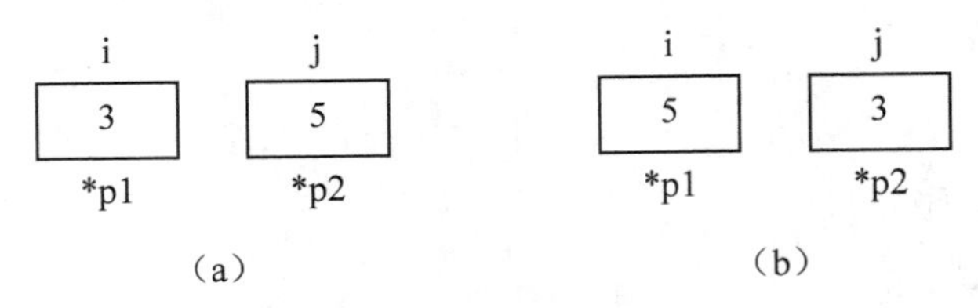

图 5-9 指针方式传递参数

这种虚实结合的方法仍然是“值传递”方式，只是实参的值是变量的地址而已。通过形参指针变量访问主函数中的变量（i 和 j），并改变它们的值。这样就能得到正确的结果，但是在概念上却是兜了一个圈子，不那么直截了当。

在 Pascal 语言中有“值形参”和“变量形参”（即 var 形参），对应两种不同的传递方式，前者采用值传递方式，后者采用地址传递方式。在 C 语言中，只有“值形参”而无“变量形参”，全部采用值传递方式。C++把引用型变量作为函数形参，就弥补了这个不足。

C++提供了向函数传递数据的第三种方法，即传送变量的别名。

例 5.28 利用“引用形参”实现两个变量的值互换。

```
#include <iostream>
using namespace std;
void swap(int &,int &);
int main()
{
    int i=3,j=5;
    swap(i,j);
    cout<<"i="<<i<<"    "<<"j="<<j<<endl;
    return 0;
}
```

```
void swap(int &a,int &b)          //形参是引用类型
{
    int temp;
    temp=a;
    a=b;
    b=temp;
}
```

输出结果为：

```
i=5 j=3
```

在 swap 函数的形参表列中声明 a 和 b 是整型变量的引用。

实际上，在虚实结合时是把实参 i 的地址传到形参 a，使形参 a 的地址取实参 i 的地址，从而使 a 和 i 共享同一单元。同样，将实参 j 的地址传到形参 b，使形参 b 的地址取实参 j 的地址，从而使 b 和 j 共享同一单元，如图 5-10 所示。这就是地址传递方式。为便于理解，可以通俗地说：把变量 i 的名字传给引用变量 a，使 a 成为 i 的别名。

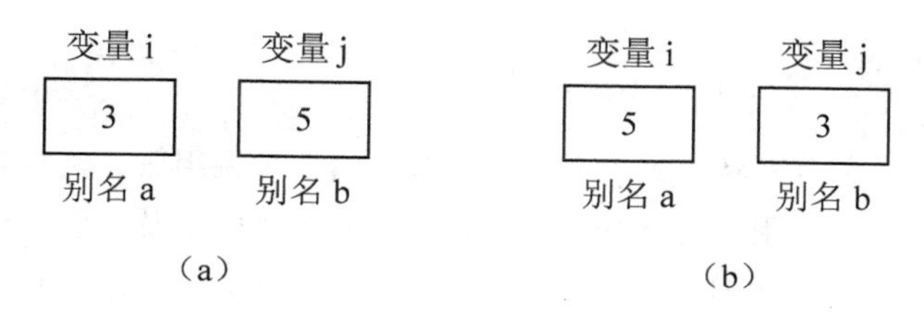

图 5-10　引用方式传递参数

请思考：这种传递方式和使用指针变量作形参时有什么不同？

（1）使用引用类型就不必在 swap 函数中声明形参是指针变量。指针变量要另外开辟内存单元，其内容是地址。而引用变量不是一个独立的变量，不单独占内存单元，在例 5.28 中引用变量 a 和 b 的值的数据类型与实参相同，都是整型。

（2）在 main 函数中调用 swap 函数时，实参不必用变量的地址（在变量名的前面加&），而直接用变量名。系统向形参传送的是实参的地址而不是实参的值。

这种传递方式相当于 Pascal 语言中的“变量形参”，显然这种用法比使用指针变量简单、直观、方便。使用变量的引用，可以部分代替指针的操作。有些过去只能用指针来处理的问题，现在可以用引用来代替，从而降低了程序设计的难度。

例 5.29　对三个变量按由小到大的顺序排序。

```
#include <iostream>
using namespace std;
void sort(int &,int &,int &);          //函数声明，形参是引用类型
void change(int &,int &);              //函数声明，形参是引用类型
int main()
{
    int a,b,c;                         //a、b、c 是需要排序的变量
    int a1,b1,c1;                      //a1、b1、c1 最终的值是已排好序的数列
    cout<<"Please enter 3 integers:";
    cin>>a>>b>>c;                      //输入 a、b、c
    a1=a;b1=b;c1=c;
    sort(a1,b1,c1);                    //调用 sort 函数，以 a1、b1、c1 为实参
    //此时 a1、b1、c1 已排好序
```

```
    cout<<"sorted order is "<<a1<<" "<<b1<<" "<<c1<<endl;
    return 0;
}
void sort(int &i,int &j,int &k)              //对 i、j、k 三个数排序
{
    if (i>j) change (i,j);                  //使 i≤j
    if (i>k) change (i,k);                  //使 i≤k
    if (j>k) change (j,k);                  //使 j≤k
}
void change (int &x,int &y)                 //使 x 和 y 互换
{
    int temp;
    temp=x;
    x=y;
    y=temp;
}
```

运行情况如下：

```
Please enter 3 integers: 23 12 -345↙
sorted order is -345 12 23
```

可以看到：这个程序很容易理解，不容易出错。由于在调用 sort 函数时虚实结合使形参 i、j、k 成为实参 a1、b1、c1 的引用，因此通过调用函数 sort(a1,b1,c1)既实现了对 i、j、k 排序，也同时实现了对 a1、b1、c1 排序。同样，执行 change(i,j)函数可以实现对实参 i 和 j 的互换。

引用不仅可以用于变量，也可以用于对象。例如实参可以是一个对象名，在虚实结合时传递对象的起始地址。这会在以后介绍。

当看到&a 这样的形式时，怎样区别是声明引用变量还是取地址的操作呢？当&a 的前面有类型符时（如 int &a），它必然是对引用的声明；如果前面没有类型符（如 cout<<&a），则是取变量的地址。

5.6 案例解析

例 5.30 编写函数，使用指针作为函数的参数，实现统计数组中奇数的个数，并在主函数中调用。

```
#include "iostream"
using namespace std;

int mjs(int *a,int n)
{
    int i=0,cnt=0;
    for(i=0;i<n;i++)
    {
        if(a[i]%2!=0)
            cnt++;
    }
    return cnt;
}
int main()
{
    int a[]={12,23,14,31,14,53,11,16,57};
```

```
    int sum=0;
    sum=mjs(a,9);
    cout<<"奇数的个数为："<<sum<<endl;
}
```

运行情况如下：

```
奇数的个数为：5
```

例 5.31 编写函数，使用指针作为函数的参数，同时求取两个数的最小公倍数和最大公约数，并在主函数中调用。

注意：该例训练如何使用指针作为函数的参数定义一个函数，求取两个结果值。

```
#include "iostream"
using namespace std;
//求取两个数的最大公约数
int mgy(int a,int b)
{
    int mr=1;
    int c=a;
    if(c<b)
        c=b;
    for(mr=c;mr>=1;mr--)
    {
        if(a%mr==0 && b%mr==0)
            break;
    }
    return mr;
}
//求取两个数的最小公倍数
int mgb(int a,int b)
{
    int mr=0;
    mr=a*b/mgy(a,b);
    return mr;
}
//一个函数同时获取两个返回值
void mgby(int a,int b,int *my,int *mb)
{
    *my=mgy(a,b);
    *mb=mgb(a,b);
}
int main()
{
    int a=6,b=8;
    int pa,pb;
    mgby(a,b,&pa,&pb);
    cout<<"最大公约数是："<<pa<<endl;
    cout<<"最小公倍数是："<<pb<<endl;
}
```

运行情况如下：

```
最大公约数是：2
最小公倍数是：24
```

例 5.32 编写函数，使用引用作为函数的参数，同时求取两个数的最小公倍数和最大公约数，并在主函数中调用。

```
#include "iostream"
using namespace std;
//求取两个数的最大公约数
int mgy(int a,int b)
{
    int mr=1;
    int c=a;
    if(c<b)
        c=b;
    for(mr=c;mr>=1;mr--)
    {
        if(a%mr==0 && b%mr==0)
            break;
    }
    return mr;
}
//求取两个数的最小公倍数
int mgb(int a,int b)
{
    int mr=0;
    mr=a*b/mgy(a,b);
    return mr;
}
//一个函数同时获取两个返回值
void mgby(int a,int b,int &my,int &mb)
{
    my=mgy(a,b);
    mb=mgb(a,b);
}
int main()
{
    int a=6,b=8;
    int pa,pb;
    mgby(a,b,pa, pb);
    cout<<"最大公约数是："<<pa<<endl;
    cout<<"最小公倍数是："<<pb<<endl;
}
```

运行情况如下：

```
最大公约数是：2
最小公倍数是：24
```

5.7 实训任务 指针与引用

实训目的：

1．熟练掌握 C++编程规范。

2．掌握指针的定义与应用。

3．掌握引用的定义与应用。

4．掌握指针与引用如何作为函数的参数，并能够应用其定义函数。

实训环境：

Visual C++ 6.0

实训内容：

1．编写函数，使用指针作为函数的参数，计算整型数组中小于所有数值平均值的数据的个数，并在主函数中应用。

说明：例如有整型数组 a[]={1,2,3,4,5,6,7,8,9,10}，所有的数值的总和是 55，平均值是 5.5，小于平均值 5.5 的数据的个数为 5。

2．编写函数，使用指针作为函数的参数，判断两个正整数之和是否为素数，并在主函数中调用。

3．编写函数，使用引用作为函数的参数，判断两个正整数之和是否为素数，并在主函数中调用。

4．编写函数，使用指针作为函数的参数，找出数组中的数据的最大值以及最大值所在位置，并在主函数中调用。

6

类与对象

面向对象程序设计的思路和人们日常生活中处理问题的思路是相似的。在自然世界和社会生活中，一个复杂的事物总是由许多部分组成的。

关于面向对象程序设计，先来讨论几个有关的概念。

1. 对象

客观世界中任何一个事物都可以看成一个对象（object）。对象是构成系统的基本单位。任何一个对象都应当具有这两个要素，即属性（attribute）和行为（behavior），它能根据外界给的信息进行相应的操作。

一个对象往往是由一组属性和一组行为构成的。一般来说，凡是具备属性和行为这两个要素的都可以作为对象。在一个系统中的多个对象之间通过一定的渠道相互联系，要使某一个对象实现某一种行为（即操作），应当向它传送相应的消息。对象之间就是这样通过发送和接收消息互相联系的。

面向对象的程序设计采用了以上人们所熟悉的这种思路。使用面向对象的程序设计方法设计一个复杂的软件系统时，首要的问题是确定该系统是由哪些对象组成的，并且设计这些对象。

在 C++中，每个对象都是由数据和函数（即操作代码）这两部分组成的。数据体现了前面提到的“属性”，如一个三角形对象，它的 3 个边长就是它的属性。函数是用来对数据进行操作的，以便实现某些功能，例如可以通过边长计算出三角形的面积，并且输出三角形的边长和面积。计算三角形面积和输出有关数据就是前面提到的行为，在程序设计方法中也称为方法（method）。调用对象中的函数就是向该对象传送一个消息（message），要求该对象实现某一行为（功能）。

2. 封装与信息隐藏

可以对一个对象进行封装处理，把它的一部分属性和功能对外界屏蔽，也就是说从外界是看不到的，甚至是不可知的。这样做的好处是大大降低了操作对象的复杂程度。

面向对象程序设计方法的一个重要特点就是“封装性”（encapsulation），所谓“封装”，指两方面的含义：一是将有关的数据和操作代码封装在一个对象中，形成一个基本单位，各个对象之间相对独立，互不干扰；二是将对象中某些部分对外隐藏，即隐藏其内部细节，只留下少量接口，以便与外界联系，接收外界的消息。这种对外界隐藏的做法称为信息隐藏（imformation hiding）。信息隐藏还有利于数据安全，防止无关的人了解和修改数据。

C++对象中的函数名就是对象的对外接口，外界可以通过函数名来调用这些函数来实现某些行为（功能）。这些将在以后详细介绍。

3. 抽象

在程序设计方法中，经常用到抽象（abstraction）这一名词。抽象的过程是将有关事物的共性归纳、集中的过程，抽象的作用是表示同一类事物的本质。

C 和 C++中的数据类型就是对一批具体的数的抽象。对象是具体存在的，如一个三角形可以作为一个对象，10 个不同尺寸的三角形是 10 个对象。如果这 10 个三角形对象有相同的属性和行为，则可以将它们抽象为一种类型，称为三角形类型。

在 C++中，这种类型就称为“类（class）”。这 10 个三角形就是属于同一“类”的对象。类是对象的抽象，而对象是类的特例，或者说是类的具体表现形式。

4. 继承与重用

如果在软件开发中已经建立了一个名为 A 的类，又想另外建立一个名为 B 的类，而后者与前者内容基本相同，只是在前者的基础上增加一些属性和行为，则只需在类 A 的基础上增加一些新内容即可。这就是面向对象程序设计中的继承机制。

利用继承可以简化程序设计的步骤。C++提供了继承机制，采用继承的方法可以很方便地利用一个已有的类建立一个新的类。这就是常说的“软件重用”（software reusability）的思想。

5. 多态性

如果有几个相似而不完全相同的对象，有时人们要求在向它们发出同一个消息时它们的反应各不相同，分别执行不同的操作。这种情况就是多态现象。

如在 Windows 环境下，用鼠标双击一个文件对象（这就是向对象传送一个消息），如果对象是一个可执行文件，则会执行此程序；如果对象是一个文本文件，则启动文本编辑器并打开该文件。

在 C++中，所谓多态性（polymorphism）是指，由继承而产生的相关的不同的类，其对象对同一消息会作出不同的响应。多态性是面向对象程序设计的一个重要特征，能增加程序的灵活性。

6.1 类的声明和对象的定义

6.1.1 类和对象的关系

每一个实体都是对象。有一些对象是具有相同结构和特性的。每个对象都属于一个特定的类型。在 C++中，对象的类型称为类（class）。类代表了某一批对象的共性和特征。前面已经说明，类是对象的抽象，而对象是类的具体实例（instance）。

正如结构体类型和结构体变量的关系一样，人们先声明一个结构体类型，然后用它去定义结构体变量。同一个结构体类型可以定义出多个不同的结构体变量。在 C++中也是先声明一个类类型，然后用它去定义若干个同类型的对象。对象就是类类型的一个变量。可以说类是对象的模板，是用来定义对象的一种抽象类型。

类是抽象的，不占用内存，而对象是具体的，占用存储空间。

6.1.2 声明类类型

类是用户自己指定的类型。如果程序中要用到类类型，必须自己根据需要进行声明，或者使用别人已设计好的类。C++标准本身并不提供现成的类的名称、结构和内容。

现在声明一个类：

```
Student stud1,stud2;      //定义了两个 Student 类的对象 stud1 和 stud2
class Student              //以 class 开头
{
private:
    //以下三行是数据成员
    int num;               //代表学号
    char name[20];         //代表姓名
    char sex;              //代表性别
public:
    void givevalue()
    {
        //根据提示操作，输入属性值
        cout<<"学号：";
        cin>>num;
        cout<<"姓名：";
        cin>>name;
        cout<<"性别：";
        cin>>sex;
    }
    void display()         //这是成员函数
    {
        //输出属性信息值
        cout<<"学号："<<num<<endl;
        cout<<"姓名："<<name<<endl;
        cout<<"性别："<<sex<<endl;
    }
};         //注意类体用分号结束
```

可以看到，类就是对象的类型。实际上，类是一种广义的数据类型。类这种数据类型中的数据既包含数据，又包含操作数据的函数。

类中的 private 部分的成员实现了隐藏，该成员与外界隔离；public 部分的成员函数作为对外界的接口。

如果在类的定义中既不指定 private，也不指定 public，则系统就默认为是私有的。归纳以上对类类型的声明可以得到其一般形式，如下：

```
class 类名
{
private:
    私有的数据和成员函数列表;
public:
    公有的数据和成员函数列表;
};
```

private 和 public 称为成员访问限定符（member access specifier）。除了 private 和 public 之外，还有一种成员访问限定符 protected（受保护的），用 protected 声明的成员称为受保护的成员，它不能被类外访问（这一点与私有成员类似），但可以被派生类的成员函数访问。

在声明类类型时，声明为 private 的成员和声明为 public 的成员的次序任意，既可以先出现 private 部分，也可以先出现 public 部分。如果在类体中既不写关键字 private，又不写 public，则默认为 private。

为了使程序清晰，应该养成这样的习惯：使每一种成员访问限定符在类定义体中只出现一次；C++程序多数先写 public 部分，把 private 部分放在类体的后部。

6.1.3 定义对象的方法

前面已经用已声明的 Student 类定义了对象，这种方法是很容易理解的。经过定义后，stud1 和 stud2 就成为具有 Student 类特征的对象。stud1 和 stud2 这两个对象都分别包括 Student 类中定义的数据和函数。

定义对象的格式如下：

```
类名 对象名列表;（用逗号间隔）
```

例如：

```
Student stud1,stud2;
```

6.2 类的成员函数

6.2.1 成员函数的性质

类的成员函数（简称类函数）是函数的一种，它的用法和作用和一般的全局函数基本上是一样的，它也有返回值和函数类型。

它与一般函数的区别只是：它是属于一个类的成员，出现在类体中。它可以被指定为 private（私有的）、public（公有的）或 protected（受保护的）。在使用类函数时，要注意调用它的权限（它能否被调用）以及它的作用域（函数能使用什么范围中的数据和函数）。例如私有的成员函数只能被本类中的其他成员函数所调用，而不能被类外调用。

成员函数可以访问本类中的任何成员（包括私有的和公有的），可以引用在本作用域中有效的数据。

一般的做法是将需要被外界调用的成员函数指定为 public，它们是类的对外接口。但是应该注意，并不要求把所有成员函数都指定为 public。有的函数并不是准备为外界调用的，而是为本类中的成员函数所调用的，就应该将它们指定为 private。这种函数的作用是支持其他函数的操作，是类中其他成员的工具函数（utility function），类外用户不能调用这些私有的工具函数。

类的成员函数是类体中十分重要的部分。如果一个类中不包含成员函数，就等同于 C 语言中的结构体了，体现不出类在面向对象程序设计中的作用。

6.2.2 在类外定义成员函数

在前面已经看到成员函数是在类体中定义的。也可以在类体中只写成员函数的声明，而在类的外面进行函数定义。例如：

```
class Student
{
public :
    void givevalue();        //公有成员函数原型声明
    void display();          //公有成员函数原型声明
private :
    int num;
    string name;
    char sex;
    //以上三行是私有数据成员
```

```
    };          //注意分号结束
    void Student::givevalue()          //在类外定义 givevalue 类函数
    {
        //根据提示操作，输入属性值
        cout<<"学号：";
        cin>>num;
        cout<<"姓名：";
        cin>>name;
        cout<<"性别：";
        cin>>sex;
    }
    void Student::display()          //在类外定义 display 类函数
    {
        //函数体
        cout<<"学号："<<num<<endl;
        cout<<"姓名："<<name<<endl;
        cout<<"性别："<<sex<<endl;
    }
    Student stud1,stud2;          //定义两个类对象
```

注意：在类体中直接定义函数时，不需要在函数名前面加上类名，因为函数属于哪一个类是不言而喻的。

但成员函数在类外定义时，必须在函数名前面加上类名予以限定（qualifed），::是作用域限定符（field qualifier）或称作用域运算符，用它声明函数是属于哪个类的。

类函数必须先在类体中作原型声明，然后在类外定义，也就是说类体的位置应在函数定义之前，否则编译时会出错。

虽然函数在类的外部定义，但在调用成员函数时会根据在类中声明的函数原型找到函数的定义（函数代码），从而执行该函数。

在类的内部对成员函数作声明，而在类体外定义成员函数，这是程序设计的一种良好习惯。

如果一个函数，其函数体只有两三行，一般可在声明类时在类体中定义。多于三行的函数，一般在类体内声明，在类外定义。

6.2.3 inline 成员函数

如果类中的成员函数的代码量较少，可以在声明成员函数时用 inline 关键字修饰，则该成员函数就是 inline 成员函数，如将前面类中的 void display()写成 inline void display()格式，那么 display 函数就是类的 inline 成员函数。

在类体中定义的成员函数的规模一般都很小，而系统调用函数的过程所花费的时间开销相对是比较大的。调用一个函数的时间开销远远大于小规模函数体中全部语句的执行时间。为了减少时间开销，如果在类体中定义的成员函数中不包括循环等控制结构，C++系统会自动将它们作为内置（inline）函数来处理。也就是说，在程序调用这些成员函数时，并不是真正地执行函数的调用过程（如保留返回地址等处理），而是把函数代码嵌入程序的调用点。这样可以大大减少调用成员函数的时间开销。

C++要求对一般的内置函数要用关键字 inline 声明，但对类内定义的成员函数可以省略 inline，因为这些成员函数已被隐含地指定为内置函数。

6.3　对象成员的引用

在程序中经常需要访问对象中的成员。访问对象中成员的方法有以下三种：

- 通过对象名和成员运算符访问对象中的成员。
- 通过指向对象的指针访问对象中的成员。
- 通过对象的引用变量访问对象中的成员。

6.3.1　通过对象名和成员运算符访问对象中的成员

例如在程序中可以写出以下语句：

```
stud1.num=1001;                    //假设 num 已定义为公有（public）的整型数据成员
```

表示将整数 1001 赋给对象 stud1 中的数据成员 num。其中“.”是成员运算符，用来对成员进行限定，指明所访问的是哪一个对象中的成员。

注意不能只写成员名而忽略对象名。

访问对象中成员的一般形式为：

```
对象名.成员名
```

不仅可以在类外引用对象的公有数据成员，而且可以调用对象的公有成员函数，但同样必须指出对象名，如：

```
stud1.display();                   //正确，调用对象 stud1 的公有成员函数
display();                         //错误，没有指明是哪一个对象的 display 函数
```

由于没有指明对象名，编译时把 display 作为普通函数处理。

应该注意所访问的成员是公有的（public）还是私有的（private）。只能访问 public 成员，而不能访问 private 成员，如果已定义 num 为私有数据成员，则下面的语句是错误的：

```
stud1.num=10101;                   //num 是私有数据成员，不能被外界引用
```

在类外只能调用公有的成员函数。在一个类中应当至少有一个公有的成员函数，作为对外的接口，否则就无法对对象进行任何操作。

6.3.2　通过指向对象的指针访问对象中的成员

可以先定义对象指针，然后与某对象建立关联，然后就可以通过对象指针访问对象中的成员了。例如有以下程序段：

```
class Rec
{
public:                       //数据成员是公有的
    double length;
    double width;
};
Rec t,*p;                     //定义对象 t 和指针变量 p
p=&t;                         //使 p 指向对象 t
cout<<p-> length;             //输出 p 指向的对象中的成员 length
```

在 p 指向 t 的前提下，p->length、(*p).length 和 t.length 三者等价。

6.3.3　通过对象的引用变量访问对象中的成员

如果为一个对象定义了一个引用变量，它们是共占同一段存储单元的，实际上它们是同一个对

象，只是用不同的名字表示而已。

因此完全可以通过引用变量来访问对象中的成员。

如果已声明了 Rec 类，并有以下定义语句：

```
Rec t1;                    //定义对象 t1
Rec &t2=t1;                //定义 Rec 类引用变量 t2，并使之初始化为 t1
cout<<t2.hour;             //输出对象 t1 中的成员 hour
```

由于 t2 与 t1 共占同一段存储单元（即 t2 是 t1 的别名），因此 t2.hour 就是 t1.hour。

6.4 类和对象的简单应用举例

例 6.1 定义一个类描述矩形，并在主函数中定义矩形对象，同时使用该对象。

定义矩形类（Rec）代码如下：

```
#include "iostream"
using namespace std;
class Rec
{
public:
    //根据提示操作，输入属性值
    void givevalue()
    {
        cout<<"长：";
        cin>>length;
        cout<<"宽：";
        cin>>width;
    }
    //输出属性信息值
    void display()
    {
        cout<<"长："<<length<<endl;
        cout<<"宽："<<width<<endl;
    }
    //计算周长
    double zc()
    {
        double r=0;
        r=2.0*(length+width);
        return r;
    }
    //计算面积
    double area()
    {
        double r=0;
        r=length*width;
        return r;
    }
private:
    double length;                  //代表长
    double width;                   //代表宽
};

int main()
```

```
{
    double x1,x2;
    Rec t;
    t.givevalue();                    //输入属性值
    t.display();                      //输出属性值
    x1=t.zc();                        //调用成员函数，计算周长
    x2=t.area();                      //调用成员函数，计算面积
    cout<<"周长："<<x1<<endl;         //输出周长
    cout<<"面积："<<x2<<endl;         //输出面积
    return 0;
}
```

运行情况如下：

```
输入：
长：1.5（回车）
宽：1.2（回车）
输出：
长：1.5
宽：1.2
周长：5.4
面积：1.8
```

注意：如果类中的成员函数代码量较多，应该在类体中只对成员函数作声明，而函数的功能描述应该在类体外面实现。

下面演示如何通过对象的引用变量来访问对象中的成员，类的定义部分不变，更改主函数代码如下：

```
int main()
{
    double x1,x2;
    Rec t;
    p=&t;
    p->givevalue();          //输入属性值
    p->display();            //输出属性值
    x1=p->zc();              //调用成员函数，计算周长
    x2=p->area();            //调用成员函数，计算面积
    cout<<"周长："<<x1<<endl;       //输出周长
    cout<<"面积："<<x2<<endl;       //输出面积
    return 0;
}
```

运行情况同上。

下面再演示如何通过指向对象的指针访问对象中的成员，类的定义部分不变，更改主函数代码如下：

```
int main()
{
    double x1,x2;
    Rec t;
    Rec &p=t;
    p.givevalue();           //输入属性值
    p.display();             //输出属性值
    x1=p.zc();               //调用成员函数，计算周长
    x2=p.area();             //调用成员函数，计算面积
    cout<<"周长："<<x1<<endl;       //输出周长
    cout<<"面积："<<x2<<endl;       //输出面积
```

```
    return 0;
}
```

运行情况同上。

6.5 构造函数

在建立一个对象时常常需要作某些初始化的工作，例如对数据成员赋初值。如果一个数据成员未被赋值，则它的值是不可预知的，因为在系统为它分配内存时保留了这些存储单元的原状，这就成为了这些数据成员的初始值。这种状况显然是与人们的要求不相符的，对象是一个实体，它反映了客观事物的属性（例如矩形的长和宽），是应该有确定的值的。

注意：类的数据成员是不能在声明类时初始化的。

前面的例子是借助类的成员函数实现对对象属性进行赋值，本节将介绍如何使用类的构造函数在定义对象时对属性进行初始化操作。

6.5.1 构造函数的定义与使用

C++提供了构造函数（constructor）来处理对象的初始化。构造函数是一种特殊的成员函数，与其他成员函数不同，不需要用户来调用它，而是在建立对象时自动执行。

构造函数具有以下特点：

- 构造函数的名字必须与类名同名，而不能由用户任意命名，以便编译系统能识别它并把它作为构造函数处理。
- 它不具有任何类型，不返回任何值。
- 构造函数的功能是由用户定义的，用户根据初始化的要求设计函数体和函数参数。

例 6.2 在例 6.1 的基础上定义两个构造函数，其中一个无参数，一个有参数，并使用。

```
#include "iostream"
using namespace std;
class Rec
{
public:
    //不带参数的构造函数
    Rec()
    {
        length=1.0;
        width=1.0;
    }
    //带参数的构造函数
    Rec(double x,double y)
    {
        length=x;
        width=y;
    }
    //根据提示操作，输入属性值
    void givevalue()
    {
        cout<<"长：";
        cin>>length;
        cout<<"宽：";
```

```
            cin>>width;
        }
        //输出属性信息值
        void display()
        {
            cout<<"长："<<length<<endl;
            cout<<"宽："<<width<<endl;
        }
        //计算周长
        double zc()
        {
            double r=0;
            r=2.0*(length+width);
            return r;
        }
        //计算面积
        double area()
        {
            double r=0;
            r=length*width;
            return r;
        }
    private:
        double length;          //代表长
        double width;           //代表宽
};

int main()
{
    double x1,x2;
    Rec t1,t2(1.5,1.2);      //使用无参构造函数和有参构造函数定义对象
    t1.display();
    x1=t1.zc();              //调用成员函数，计算周长
    x2=t1.area();            //调用成员函数，计算面积
    cout<<"周长："<<x1<<endl;      //输出周长
    cout<<"面积："<<x2<<endl;      //输出面积

    t2.display();
    x1=t2.zc();              //调用成员函数，计算周长
    x2=t2.area();            //调用成员函数，计算面积
    cout<<"周长："<<x1<<endl;      //输出周长
    cout<<"面积："<<x2<<endl;      //输出面积

    return 0;
}
```

运行情况如下：

```
输出：
长：1
宽：1
周长：4
面积：1
长：1.5
宽：1.2
周长：5.4
面积：1.8
```

有关构造函数的使用有以下说明：

（1）在类对象进入其作用域时调用构造函数。

（2）构造函数没有返回值，因此也不需要在定义构造函数时声明类型，这是它和一般函数的一个重要的不同之处。

（3）构造函数不需要用户调用，也不能被用户调用。

（4）在构造函数的函数体中不仅可以对数据成员赋初值，而且可以包含其他语句。但是一般不提倡在构造函数中加入与初始化无关的内容，以保持程序的清晰。

（5）如果用户自己没有定义构造函数，则C++系统会自动生成一个构造函数，只是这个构造函数的函数体是空的，也没有参数，不执行初始化操作。

（6）如果用户自己定义了构造函数，则C++系统不再提供默认构造函数，所以一定要注意类中是否拥有定义对象所对应的构造函数，如果没有则定义对象会失败。

6.5.2 用参数初始化表对数据成员初始化

前面介绍的是在构造函数的函数体内通过赋值语句对数据成员实现初始化。C++还提供了另一种初始化数据成员的方法——参数初始化表来实现对数据成员的初始化。这种方法不在函数体内对数据成员初始化，而是在函数首部实现。

例如可以将例6.2中定义的构造函数改用以下形式：

```
Rec(double x,double y):length(x),width(y){ }
```

这种写法方便、简练，尤其当需要初始化的数据成员较多时更显其优越性。

注意：如果类的构造函数在类体外面实现，则形式如下：

```
Rec::Rec(double x,double y):length(x)， width(y){ }
```

6.5.3 构造函数的重载

在一个类中可以定义多个构造函数，以便对类对象提供不同的初始化方法，供用户选用。这些构造函数具有相同的名字，而参数的个数或类型不相同。这称为构造函数的重载。

例如例6.2中包含两个构造函数：一个无参构造函数和一个有参构造函数，它们就是构造函数重载的实现。

例6.3 定义一个类来描述长方体，并实现构造函数的重载。

```
class Cuboid
{
public:
    //不带参数的构造函数
    Rec()
    {
        length=1.0;
        width=1.0;
        height=1.0;
    }
    //带两个参数的构造函数
    Rec(double x,double y)
    {
        length=x;
        width=y;
        height=1.0;
```

```
    }
    //带三个参数的构造函数
    Rec(double x,double y,double z)
    {
        length=x;
        width=y;
        height=z;
    }
private:
    double length;          //代表长
    double width;           //代表宽
    double height;          //代表高
};
```

在 Cuboid 类中定义了三个构造函数，那么 Cuboid 类就可以有三种定义对象的方式：

- Cuboid c1;：使用无参构造函数定义对象，此时 c1 的长、宽、高分别等于 1。
- Cuboid c2(3.0,2.0);：使用带两个参数的构造函数定义对象，此时 c2 的长等于 3.0、宽等于 2.0、高等于 1.0，注意高的值是固定写在构造函数中的。
- Cuboid c2(5.0,4.0,3.0);：使用带三个参数构造函数定义对象，此时 c2 的长等于 5.0、宽等于 4.0、高等于 3.0。

说明：

（1）调用构造函数时不必给出实参的构造函数称为默认构造函数（default constructor）。显然，无参的构造函数属于默认构造函数。一个类只能有一个默认构造函数。

（2）如果在建立对象时选用的是无参构造函数，应注意正确书写定义对象的语句。

（3）尽管在一个类中可以包含多个构造函数，但是对于每一个对象来说，建立对象时只执行其中的一个构造函数，并非每个构造函数都被执行。

6.5.4　使用默认参数的构造函数

构造函数中参数的值既可以通过实参传递，也可以指定为某些默认值，即如果用户不指定实参值，编译系统就使形参取默认值。

例如，可以将例 6.3 中的带三个参数的构造函数改为：

```
Rec(double x=1.0,double y1.0,double z=1.0)
{
    length=x;
    width=y;
    height=z;
}
```

如果该构造函数放在类体外面实现，则形式如下：

```
Rec::Rec(double x=1.0,double y1.0,double z=1.0)
{
    length=x;
    width=y;
    height=z;
}
```

可以看到：在构造函数中使用默认参数是方便而有效的，它提供了建立对象时的多种选择，它的作用相当于好几个重载的构造函数。它的好处是：即使在调用构造函数时没有提供实参值，不仅不会出错，而且还确保按照默认的参数值对对象进行初始化。尤其在希望对每一个对象都有同样的初始化状况时用这种方法更为方便。

说明：

（1）应该在声明构造函数时指定默认值，而不能只在定义构造函数时指定默认值。

（2）程序在声明构造函数时，形参名可以省略。

（3）如果构造函数的全部参数都指定了默认值，则在定义对象时可以给出一个或几个实参，也可以不给出实参。

（4）在一个类中定义了全部是默认参数的构造函数后，不能再定义重载构造函数。

（5）如果在一个类中定义了部分参数有默认值的构造函数，那么默认值只能从右至左依次赋值，中间不能空。

6.6　对象数组

数组不仅可以由简单变量组成（例如整型数组的每一个元素都是整型变量），也可以由对象组成（对象数组的每一个元素都是同类的对象）。

在日常生活中，有许多实体的属性是共同的，只是属性的具体内容不同。

例如一个班有 50 个学生，每个学生的属性包括姓名、性别、年龄、成绩等。如果为每一个学生建立一个对象，需要分别取 50 个对象名，用程序处理很不方便。这时可以定义一个“学生类”对象数组，每一个数组元素是一个“学生类”对象。

例如：

```
Student stud[50];          //假设已声明了 Student 类，定义 stud 数组，有 50 个元素
```

在建立数组时，同样要调用构造函数。如果有 50 个元素，需要调用 50 次构造函数。

在需要时可以在定义数组时提供实参以实现初始化。

如果构造函数只有一个参数，在定义数组时可以直接在等号后面的花括号内提供实参。例如：

```
Student stud[3]={60,70,78};                    //合法，三个实参分别传递给三个数组元素的构造函数
```

如果构造函数有多个参数，则不能用在定义数组时直接提供所有实参的方法，因为一个数组有多个元素，对每个元素要提供多个实参，如果再考虑到构造函数有默认参数的情况，很容易造成实参与形参的对应关系不清晰，出现歧义性。

例如类 Student 的构造函数有多个参数，且为默认参数：

```
Student::Student(int=1001,int=18,int=60);          //定义构造函数，有多个参数，且为默认参数
```

如定义对象数组的语句为：

```
Student stud[3]={1005,60,70};
```

在程序中最好不要采用这种容易引起歧义性的方法。

编译系统只为每个对象元素的构造函数传递一个实参，所以在定义数组时提供的实参个数不能超过数组元素个数，如：

```
Student stud[3]={60,70,78,45};                 //不合法，实参个数超过了对象数组元素的个数
```

那么，如果构造函数有多个参数，在定义对象数组时应当怎样实现初始化呢？回答是：在花括号中分别写出构造函数并指定实参。

如果构造函数有三个参数，分别代表学号、年龄、成绩，则可以这样定义对象数组：

```
Student Stud[3]={                              //定义对象数组
    Student(1001,18,87),                       //调用第 1 个元素的构造函数，为它提供三个实参
    Student(1002,19,76),                       //调用第 2 个元素的构造函数，为它提供三个实参
```

```
        Student(1003,18,72)                    //调用第 3 个元素的构造函数，为它提供三个实参
    };
```

在建立对象数组时分别调用构造函数，对每个元素初始化。每一个元素的实参分别用括号括起来，对应构造函数的一组形参，不会混淆。

例 6.4 对象数组的使用方法。

```
#include <iostream>
using namespace std;
class Box
{
public :
    //声明有默认参数的构造函数，用参数初始化表对数据成员初始化
    Box(int h=10,int w=12,int len=15): height(h),width(w),length(len){ }
    int volume();
private :
    int height;
    int width;
    int length;
};
int Box::volume() {return (height*width*length); }
int main()
{
    Box a[3]={                          //定义对象数组
        Box(10,12,15),                  //调用构造函数 Box，提供第 1 个元素的实参
        Box(15,18,20),                  //调用构造函数 Box，提供第 2 个元素的实参
        Box(16,20,26)                   //调用构造函数 Box，提供第 3 个元素的实参
    };
    cout<<"volume of a[0] is "<<a[0].volume()<<endl;
    cout<<"volume of a[1] is "<<a[1].volume()<<endl;
    cout<<"volume of a[2] is "<<a[2].volume()<<endl;
    return 0;
}
```

运行结果如下：

```
volume of a[0] is 1800
volume of a[1] is 5400
volume of a[2] is 8320
```

6.7 对象指针

在建立对象时，编译系统会为每一个对象分配一定的存储空间，以存放其成员。对象空间的起始地址就是对象的指针。可以定义一个指针变量，用来存放对象的指针。

如果有一个类：

```
class T
{
public :
    int a;
    int b;
    void getvalue();
};
void T::getvalue()
{
    cout<<"a=";
```

```
        cin>>a;
        cout<<"b=";
        cin>>b;

    }
```

在此基础上有以下语句：

```
T *pt;                  //定义 pt 为指向 T 类对象的指针变量
T t1;                   //定义 t1 为 T 类对象
pt=&t1;                 //将 t1 的起始地址赋给 pt
```

这样，pt 就是指向 T 类对象的指针变量，它指向对象 t1。

定义指向类对象的指针变量的一般形式为：

```
类名 *对象指针名;
```

可以通过对象指针访问对象和对象的成员，如：

```
(*pt);                  //pt 所指向的对象，即 t1
(*pt).a;                //pt 所指向的对象中的 a 成员，即 t1.a
pt->a;                  //pt 所指向的对象中的 a 成员，即 t1.a
(*pt).getvalue();       //调用 pt 所指向的对象中的 getvalue 函数，即 t1.getvalue()
pt->getvalue();         //调用 pt 所指向的对象中的 getvalue 函数，即 t1.getvalue()
```

6.8 静态成员

如果有 n 个同类的对象，那么每一个对象都分别有自己的数据成员，不同对象的数据成员各自有值，互不相干。但是有时人们希望有某一个或几个数据成员为所有对象所共有，这样可以实现数据共享。

全局变量能够实现数据共享。如果在一个程序文件中有多个函数，在每一个函数中都可以改变全局变量的值，全局变量的值为各函数所共享。但是用全局变量安全性得不到保证，由于在各处都可以自由地修改全局变量的值，很有可能偶一失误，全局变量的值就被修改，导致程序的失败。因此在实际工作中很少使用全局变量。

如果想在同类的多个对象之间实现数据共享，也不要用全局对象，可以用静态数据成员。

6.8.1 静态数据成员

静态数据成员是一种特殊的数据成员，它以关键字 static 开头。例如：

```
class Box
{
public :
    int volume();
private :
    static int height;          //把 height 定义为静态数据成员
    int width;
    int length;
};
```

如果希望各对象中的 height 的值是一样的，就可以把它定义为静态数据成员，这样它就为各对象所共有，而不只属于某个对象的成员，所有对象都可以引用它。

静态数据成员在内存中只占一份空间。每个对象都可以引用这个静态数据成员，静态数据成员的值对所有对象都是一样的。如果改变它的值，则在各对象中这个数据成员的值都同时改变了。这样可以节约空间、提高效率。

说明：

（1）如果只声明了类而未定义对象，则类的一般数据成员是不占内存空间的，只有在定义对象时，才为对象的数据成员分配空间。但是静态数据成员不属于某一个对象，在为对象所分配的空间中不包括静态数据成员所占的空间。

静态数据成员是在所有对象之外单独开辟空间。只要在类中定义了静态数据成员，即使不定义对象，也为静态数据成员分配空间，它可以被引用。

在一个类中可以有一个或多个静态数据成员，所有的对象共享这些静态数据成员，都可以引用它。

（2）静态变量的概念：如果在一个函数中定义了静态变量，在函数结束时该静态变量并不释放，仍然存在并保留其值。现在讨论的静态数据成员也是类似的，它不随对象的建立而分配空间，也不随对象的撤消而释放（一般数据成员是在对象建立时分配空间，在对象撤消时释放）。静态数据成员是在程序编译时被分配空间的，到程序结束时才释放空间。

（3）静态数据成员可以初始化，但只能在类体外进行初始化。例如：

```
int Box::height=10;            //表示对 Box 类中的数据成员初始化
```

其一般形式为：

```
数据类型 类名::静态数据成员名=初值;
```

不必在初始化语句中加 static。

注意：不能用参数初始化表对静态数据成员初始化。

例如在定义 Box 类中这样定义构造函数是错误的：

```
Box(int h,int w,int len):height(h){ }            //错误，height 是静态数据成员
```

如果未对静态数据成员赋初值，则编译系统会自动赋予初值 0。

（4）静态数据成员既可以通过对象名来引用，也可以通过类名来引用。

（5）有了静态数据成员，各对象之间的数据有了沟通的渠道，实现了数据共享，因此可以不使用全局变量。全局变量破坏了封装的原则，不符合面向对象程序的要求。但是也要注意公有静态数据成员与全局变量的不同，静态数据成员的作用域只限于定义该类的作用域内（如果是在一个函数中定义类，那么静态数据成员的作用域就是此函数内）。在此作用域内，可以通过类名和域运算符“::”引用静态数据成员，而不论类对象是否存在。

6.8.2 静态成员函数成员

函数也可以定义为静态的，在类中声明函数的前面加 static 就成了静态成员函数，如 static int volume();。和静态数据成员一样，静态成员函数是类的一部分，而不是对象的一部分。

如果要在类外调用公有的静态成员函数，要用类名和域运算符“::”，如 Box::volume();。实际上也允许通过对象名调用静态成员函数，如 a.volume();，但这并不意味着此函数是属于对象 a 的，而只是用 a 的类型而已。

与静态数据成员不同，静态成员函数的作用不是为了对象之间的沟通，而是为了能处理静态数据成员。

当调用一个对象的成员函数（非静态成员函数）时，系统会把该对象的起始地址赋给成员函数

的 this 指针。

而静态成员函数并不属于某一对象，它与任何对象都无关，因此静态成员函数没有 this 指针。既然它没有指向某一对象，就无法对一个对象中的非静态成员进行默认访问（即在引用数据成员时不指定对象名）。可以说，静态成员函数与非静态成员函数的根本区别是：非静态成员函数有 this 指针，而静态成员函数没有 this 指针。

由此决定了静态成员函数不能访问本类中的非静态成员。

静态成员函数可以直接引用本类中的静态数据成员，因为静态成员同样是属于类的，可以直接引用。

在 C++程序中，静态成员函数主要用来访问静态数据成员，而不访问非静态成员。

假如在一个静态成员函数中有以下语句：

```
cout<<height<<endl;                  //若 height 已声明为 static，则引用本类中的静态成员，合法
cout<<width<<endl;                   //若 width 是非静态数据成员，不合法
```

但是，并不是绝对不能引用本类中的非静态成员，只是不能进行默认访问，因为无法知道应该去找哪个对象。

如果一定要引用本类中的非静态成员，应该加对象名和成员运算符“.”，如：

```
cout<<a.width<<endl;                 //引用本类对象 a 中的非静态成员
```

假设 a 已定义为 Box 类对象，且在当前作用域内有效，则此语句合法。

通过例 6.5 可以具体了解有关引用非静态成员的具体方法。

例 6.5 静态成员函数的应用。

```
#include <iostream>
using namespace std;
class Student                              //定义 Student 类
{
public :
    Student(int n,int a,float s):num(n),age(a),score(s){ }    //定义构造函数
    void total();
    static float average();                //声明静态成员函数
private :
    int num;
    int age;
    float score;
    static float sum;                      //静态数据成员
    static int count;                      //静态数据成员
};
void Student::total()                      //定义非静态成员函数
{
    sum+=score;                            //累加总分
    count++;                               //累计已统计的人数
}
float Student::average()                   //定义静态成员函数
{
    return (sum/count);
}
float Student::sum=0;                      //对静态数据成员初始化
int Student::count=0;                      //对静态数据成员初始化
int main()
{
    Student stud[3]={                      //定义对象数组并初始化
```

```
        Student(1001,18,70),
        Student(1002,19,78),
        Student(1005,20,98)
    };
    int n;
    cout<<"please input the number of students:";
    cin>>n;                              //输入需要求前面多少名学生的平均成绩
    for(int i=0;i<n;i++)                 //调用三次 total 函数
        stud[i].total();
    cout<<"the average score of "<<n<<" students is "
        <<Student::average()<<endl;      //调用静态成员函数
    return 0;
}
```

运行结果为：

```
please input the number of students:3（回车）
the average score of 3 students is 82.3333
```

说明：

（1）在主函数中定义了 stud 对象数组，为了使程序简练，只定义它含三个元素，分别存放三个学生的数据。程序的作用是先求用户指定的 n 名学生的总分，然后求平均成绩（n 由用户输入）。

（2）在 Student 类中定义了两个静态数据成员：sum（总分）和 count（累计需要统计的学生人数），这是由于这两个数据成员的值是需要进行累加的，它们并不是只属于某一个对象元素，而是由各对象元素共享的，可以看出：它们的值是在不断变化的，而且无论对哪个对象元素而言都是相同的，而且始终不释放内存空间。

（3）total 是公有的成员函数，其作用是将一个学生的成绩累加到 sum 中。公有的成员函数可以引用本对象中的一般数据成员（非静态数据成员），也可以引用类中的静态数据成员。score 是非静态数据成员，sum 和 count 是静态数据成员。

（4）average 是静态成员函数，它可以直接引用私有的静态数据成员（不必加类名或对象名），函数返回成绩的平均值。

（5）在 main 函数中，引用 total 函数要加对象名（今用对象数组元素名），引用静态成员函数 average 函数要用类名或对象名。

（6）请思考：如果不将 average 函数定义为静态成员函数行不行？程序能否通过编译？需要作什么修改？为什么要用静态成员函数？请分析其理由。

（7）如果想在 average 函数中引用 stud[1]的非静态数据成员 score，应该怎样处理？

6.9 友元函数

在一个类中可以有公有的（public）成员和私有的（private）成员。在类外可以访问公有成员，只有本类中的函数可以访问本类的私有成员。

现在，我们来补充介绍一个例外——友元函数。

友元函数可以访问与其有好友关系的类中的私有成员。

如果在本类以外的其他地方定义了一个函数（这个函数可以是不属于任何类的非成员函数，也可以是其他类的成员函数），在类体中用 friend 对其进行声明，此函数就称为本类的友元函数。

下面通过简单的例子来说明友元函数的声明及用法。

例 6.6 友元函数的声明与应用。

```
#include <iostream>
using namespace std;
class Rec
{
public:
    //不带参数的构造函数
    Rec()
    {
        length=1.0;
        width=1.0;
    }
    //带两个参数的构造函数
    Rec(double x,double y)
    {
        length=x;
        width=y;
    }
    //把 mdispaly()函数声明为 Rec 类的友元函数
    friend void mdispaly();
private:
    double length;                    //代表长
    double width;                     //代表宽
};
void mdispaly()
{
    Rec t1(1.5,1.2);
    cout<<"长："<<t1.length<<endl;
    cout<<"宽："<<t1.width<<endl;
}
int main()
{
    mdispaly();
    return 0;
}
```

思考：如果把 Rec 类中的声明语句 friend void mdispaly();从 Rec 类中去除，程序会发生什么情况？

6.10 实训任务 类与对象的应用

实训目的：

1．熟练掌握 C++编程规范。

2．掌握类的定义。

3．熟悉对象的定义及其成员的引用。

4．理解面向对象程序设计信息隐藏的含义及实现方法。

5．熟悉类的构造函数的定义及应用。

6．熟悉对象指针的应用。

7．熟悉对象数组的应用。

8．熟悉静态成员的定义及应用。

9．熟悉友元函数的定义及应用。

实训环境：

Visual C++ 6.0

实训内容：

1．定义一个长方体类，数据成员包括 length（长）、width（宽）、height（高），要求用成员函数实现以下功能：

（1）由键盘分别输入长方体的长、宽、高。

（2）计算长方体的体积。

（3）输出长方体的体积。

2．定义一个球类，数据成员为 radius（半径），要求用成员函数实现以下功能：

（1）由键盘分别输入球的半径。

（2）计算球的表面积和体积。

（3）输出球的表面积和体积。

3．建立一个对象数组，内放 5 个学生的成绩（学号、成绩），用指针指向数组首元素，输出第 1、3、5 个学生的数据。

4．商店销售某一产品，商店每天公布统一的折扣（discount）。同时允许销售人员在销售时灵活掌握售价（price），在此基础上一次购 10 件以上者还可以享受 9.8 折优惠。现已知当天 3 名售货员的销售情况为：

销售员号（num）	销货件数（quanity）	销货单价（price）
101	5	23.5
102	12	24.56
103	100	21.5

请编写程序，计算出当日此商品的总销售款（sum）以及每件商品的平均售价（average）。

7 运算符重载

所谓重载，就是重新赋予新的含义。函数重载就是对一个已有的函数赋予新的含义，使之实现新功能。

运算符也可以重载。实际上，我们已经使用了运算符重载，例如加法运算时，两个整数相加，两个小数相加。

本章要讨论的问题是：用户能否根据自己的需要对 C++已提供的运算符进行重载，赋予它们新的含义，使之能够针对用户自定义类进行运算。

7.1 运算符重载方法及规则

本节通过定义一个类（Person），然后比较对象的年龄大小来说明如何对运算符进行重载。

例 7.1 定义 Person 类，包含姓名和年龄属性，并且能够比较两个对象的年龄大小。

程序如下：

```
#include "iostream"
using namespace std;
class Person
{
public:
    //无参构造函数
    Person()
    {}
    //有参构造函数
    Person(char *na,int ag);
    //获取姓名函数
    char *getName();
    //获取年龄函数
    int getAge();
    //输出属性信息值
    void diplay();
    //比较对象的年龄大小
    bool bigthan(Person &p);
private:
    char name[20];
```

```
        int age;
    };
    Person::Person(char *na,int ag)
    {
        strcpy(name,na);
        age=ag;
    }
    char *Person::getName()
    {
        return name;
    }
    int Person::getAge()
    {
        return age;
    }
    void Person::diplay()
    {
        cout<<"姓名："<<name<<endl;
        cout<<"年龄："<<age<<endl;
    }
    bool Person::bigthan(Person &p)
    {
        if(age>p.age)
            return true;
        else
            return false;
    }

    int main()
    {
        Person p1("太阳",10);        //定义 Person 对象
        Person p2("月亮",9);         //定义 Person 对象
        bool b1=false;
        p1.diplay();
        p2.diplay();
        //比较对象的年龄大小
        b1=p1.bigthan(p2);
        if(b1==true)
        {
            cout<<p1.getName()<<"比"<<p2.getName()<<"年龄大"<<endl;
        }
        else
        {
            cout<<p1.getName()<<"比"<<p2.getName()<<"年龄小"<<endl;
        }
        return 0;
    }
```

运行结果如下：

```
姓名：太阳
年龄：10
姓名：月亮
年龄：9
太阳比月亮年龄大
```

比较两个对象的年龄大小的功能无疑是实现了，但调用方式不直观、太绕弯，使人感到很不方

便。能否也和整数的比较运算一样，直接用“>”或者“<”来实现运算呢？如：

```
bool b1 = p1>p2;
```

编译系统就会自动完成 p1 和 p2 两个 Person 对象的比较运算。如果能做到，就为对象的运算提供了很大的方便。这就需要对运算符“>”进行重载。

运算符重载的方法是定义一个重载运算符的函数，在需要执行被重载的运算符时系统就自动调用该函数，以实现相应的运算。也就是说，运算符重载是通过定义函数实现的。运算符重载实质上是函数的重载。

重载运算符的函数的一般格式如下：

```
函数类型 operator 运算符名称(形参表列)
{对运算符的重载处理}
```

例如，想将“>”或者“<”用于 Person 类的年龄比较运算，函数的原型可以是这样的：

```
bool operator> (Person& p1, Person & p2);
bool operator< (Person& p1, Person & p2);
```

在定义了重载运算符的函数后，可以说函数 operator >重载了运算符>。

例 7.2 可以在例 7.1 程序的基础上重载运算符“>”，使之用于对象的年龄比较。

程序如下（运算符重载函数作为类成员函数方式）：

```
#include "iostream"
using namespace std;
class Person
{
public:
    //无参构造函数
    Person()
    {}
    //有参构造函数
    Person(char *na,int ag);
    //获取姓名函数
    char *getName();
    //获取年龄函数
    int getAge();
    //输出属性信息值
    void diplay();
    //比较对象的年龄大小
    bool operator >(Person &p);        //实现>的运算符重载
    bool operator <(Person &p);        //实现<的运算符重载
private:
    char name[20];
    int age;
};
Person::Person(char *na,int ag)
{
    strcpy(name,na);
    age=ag;
}
char *Person::getName()
{
    return name;
}
int Person::getAge()
{
```

```
        return age;
    }
    void Person::diplay()
    {
        cout<<"姓名："<<name<<endl;
        cout<<"年龄："<<age<<endl;
    }
    bool Person::operator >(Person &p)
    {
        if(age>p.age)
            return true;
        else
            return false;
    }
    bool Person::operator <(Person &p)
    {
        if(age<p.age)
            return true;
        else
            return false;
    }

    int main()
    {
        Person p1("太阳",10);        //定义 Person 对象
        Person p2("月亮",9);         //定义 Person 对象
        bool b1=false;
        p1.diplay();
        p2.diplay();
        //比较对象年龄大小
        b1=p1>p2;
        if(b1==true)
        {
            cout<<p1.getName()<<"比"<<p2.getName()<<"年龄大"<<endl;
        }
        else
        {
            cout<<p1.getName()<<"比"<<p2.getName()<<"年龄小"<<endl;
        }
        return 0;
    }
```

运行结果如下：

```
姓名：太阳
年龄：10
姓名：月亮
年龄：9
太阳比月亮年龄大
```

请比较例 7.1 和例 7.2，只有两处不同：

（1）在例 7.2 中以 operator >函数取代了例 7.1 中的 bigthan 函数，而且只是函数名不同，函数体和函数返回值的类型都是相同的。

（2）在 main 函数中，以“b1=p1>p2;”取代了例 7.1 中的“b1=p1.bigthan(p2);”。在将运算符>重载为类的成员函数后，C++编译系统将程序中的表达式 p1>p2 解释为：

```
p1.operator >(p2)          //其中 p1 和 p2 是 Person 类的对象
```

即以 p2 为实参调用 p1 的运算符重载函数 operator >(Person &p)进行求值，得到两个对象的比较结果。

虽然重载运算符所实现的功能完全可以用函数实现，但是使用运算符重载能使用户程序易于编写、阅读和维护。

通过运算符重载，扩大了 C++已有运算符的作用范围，使之能用于类对象。

运算符重载对 C++有重要的意义，把运算符重载和类结合起来可以在 C++程序中定义出很有实用意义且使用方便的新的数据类型。运算符重载使 C++具有更强大的功能、更好的可扩充性和适应性，这是 C++最吸引人的特点之一。

说明：

（1）C++不允许用户自己定义新的运算符，只能对已有的 C++运算符进行重载。

（2）C++允许重载的运算符。C++中绝大部分的运算符允许重载，不能重载的运算符只有 5 个：.（成员访问运算符）、.*（成员指针访问运算符）、::（域运算符）、sizeof（长度运算符）和?:（条件运算符）。

前两个运算符不能重载是为了保证访问成员的功能不能被改变，域运算符和 sizeof 运算符的运算对象是类型而不是变量或一般表达式，不具有重载的特征。

（3）重载不能改变运算符运算对象（即操作数）的个数。

（4）重载不能改变运算符的优先级别。

（5）重载不能改变运算符的结合性。

（6）重载运算符的函数不能有默认的参数，否则就改变了运算符参数的个数，与第（3）点矛盾。

（7）重载的运算符必须和用户定义的自定义类型的对象一起使用，其参数至少应有一个是类对象（或类对象的引用）。也就是说，参数不能全部是 C++的标准类型，以防止用户修改用于标准类型数据的运算符的性质。

（8）用于类对象的运算符一般必须重载，但有两个例外：运算符“=”和“&”不必由用户重载。赋值运算符=可以用于每一个类对象，可以利用它在同类对象之间相互赋值。地址运算符&也不必重载，它能返回类对象在内存中的起始地址。

（9）应当使重载运算符的功能类似于该运算符作用于标准类型数据时所实现的功能。

（10）运算符重载函数可以是类的成员函数，也可以是类的友元函数，还可以是既非类的成员函数也不是友元函数的普通函数。

在例 7.2 的程序中对运算符“>”进行了重载。在该例中运算符重载函数 operator >作为 Person 类中的成员函数。

“>”是双目运算符，为什么在例 7.2 程序中的重载函数中只有一个参数呢？实际上，运算符重载函数有两个参数，而由于重载函数是 Person 类中的成员函数，有一个参数是隐含的，运算符函数是用 this 指针隐式地访问类对象的成员。

7.2　运算符重载函数作为类成员函数和友元函数

可以看到，重载函数 operator >访问了两个对象中的成员：一个是 this 指针指向的对象中的成员，一个是形参对象中的成员。如 this->age>p2.real，this->real 就是 p1.real。

在前面已经说明，在将运算符函数重载为成员函数后，如果出现含该运算符的表达式，如p1>p2，编译系统把它解释为：

```
p1.operator >(p2)
```

即通过对象p1调用运算符重载函数，并以表达式中的第二个参数（运算符右侧的类对象p2）作为函数实参。

运算符重载函数除了可以作为类的成员函数外，还可以是非成员函数。可以将例7.2改写为例7.3。

例7.3　将运算符“>”或者“<”重载为适用于Person对象大小比较，重载函数不作为成员函数，而是放在类外，作为Person类的友元函数。

程序如下：

```
#include "iostream.h"
#include "string.h"
class Person
{
public:
    //无参构造函数
    Person()
    {}
    //有参构造函数
    Person(char *na,int ag);
    //获取姓名函数
    char *getName();
    //获取年龄函数
    int getAge();
    //输出属性信息值
    void diplay();
    //把>的运算符重载函数声明为类的友元函数
    friend bool operator >(Person &p1,Person &p2);
    //把<的运算符重载函数声明为类的友元函数
    friend bool operator <(Person &p1,Person &p2);
private:
    char name[20];
    int age;
};
Person::Person(char *na,int ag)
{
    strcpy(name,na);
    age=ag;
}
char *Person::getName()
{
    return name;
}
int Person::getAge()
{
    return age;
}
void Person::diplay()
{
    cout<<"姓名："<<name<<endl;
    cout<<"年龄："<<age<<endl;
```

```
}
bool operator >(Person &p1,Person &p2)
{
    if(p1.age>p2.age)
        return true;
    else
        return false;
}
bool operator <(Person &p1,Person &p2)
{
    if(p1.age<p2.age)
        return true;
    else
        return false;
}

int main()
{
    Person p1("太阳",10);          //定义 Person 对象
    Person p2("月亮",9);           //定义 Person 对象
    bool b1=false;
    p1.diplay();
    p2.diplay();
    //比较对象的年龄大小
    b1=p1>p2;
    if(b1==true)
    {
        cout<<p1.getName()<<"比"<<p2.getName()<<"年龄大"<<endl;
    }
    else
    {
        cout<<p1.getName()<<"比"<<p2.getName()<<"年龄小"<<endl;
    }
    return 0;
}
```

运行结果如下：

```
姓名：太阳
年龄：10
姓名：月亮
年龄：9
太阳比月亮年龄大
```

说明：有的 C++编译系统（如 Visual C++ 6.0）没有完全实现 C++标准，它所提供的不带后缀.h 的头文件不支持把成员函数重载为友元函数。Visual C++所提供的老形式的带后缀.h 的头文件可以支持此项功能，因此将程序头两行修改为如下形式即可顺利运行：

```
#include <iostream.h>
```

与例 7.2 相比较，只作了一处改动，即将运算符函数不作为成员函数，而把它放在类外，在 Person 类中声明它为友元函数，同时将运算符函数改为有两个参数。在将运算符“>”和“<”重载为非成员函数后，C++编译系统将程序中的表达式 p1+p2 解释为：

```
operator >(p1,p2)
```

即执行 p1>p2 相当于调用以下函数：

```
bool operator > (Person &p1, Person &p2);
```

为什么把运算符函数作为友元函数呢？因为运算符函数要访问 Person 类对象中的成员。如果运算符函数不是 Person 类的友元函数，而是一个普通的函数，它是没有权力访问 Person 类的私有成员的。

运算符重载函数可以是类的成员函数，也可以是类的友元函数。现在分别讨论这两种情况。

什么时候应该用成员函数方式，什么时候应该用友元函数方式？二者有何区别呢？如果将运算符重载函数作为成员函数，它可以通过 this 指针自由地访问本类的数据成员，因此可以少写一个函数的参数，但必须要求运算表达式的第一个参数（即运算符左侧的操作数）是一个类对象。

如果想将一个 Person 对象和一个整数相比较，如 p1>i，可以将运算符重载函数作为成员函数，如下面的形式：

```
bool operator >(int &i)                //运算符重载函数作为 Person 类的成员函数
```

注意在表达式中重载的运算符“>”左侧应为 Person 类的对象，如：

```
p>i;
```

不能写成：

```
i>p;                                   //运算符“>”的左侧不是类对象，编译出错
```

如果出于某种考虑，要求在使用重载运算符时运算符左侧的操作数是整型量（如表达式 i>p，运算符左侧的操作数 i 是整数），这时是无法利用前面定义的重载运算符的，因为无法调用 i.operator>函数。可想而知，如果运算符左侧的操作数属于 C++标准类型（如 int）或是一个其他类的对象，则运算符重载函数不能作为成员函数，只能作为非成员函数。如果函数需要访问类的私有成员，则必须声明为友元函数。

将双目运算符重载为友元函数时，在函数的形参表列中必须有两个参数，不能省略，形参的顺序任意，不要求第一个参数必须为类对象。但在使用运算符的表达式中，要求运算符左侧的操作数与函数的第一个参数对应，运算符右侧的操作数与函数的第二个参数对应。

请注意，数学上的交换律在此不适用。如果希望适用交换律，则应再重载一次运算符。

C++规定，有的运算符（如赋值运算符、下标运算符、函数调用运算符）必须定义为类的成员函数，而有的运算符不能定义为类的成员函数（如流插入运算符“<<”和流提取运算符“>>”、类型转换运算符）。

由于友元的使用会破坏类的封装，因此从原则上说要尽量将运算符函数作为成员函数。但考虑到各方面的因素，一般将单目运算符重载为成员函数，将双目运算符重载为友元函数。

7.3 重载双目运算符

例 7.4 定义一个字符串类 String，用来存放不定长的字符串，重载运算符==、<和>，用于两个字符串的等于、小于和大于的比较运算。

程序如下：

```
#include "iostream.h"
#include "string.h"

class String
{
public:
    String(){p=NULL;}        //默认构造函数
    String(char *str);        //构造函数
```

```
    void display();              //输出 p 所指向的字符串
    //声明运算符函数为友元函数
    friend bool operator >(String &string1,String &string2);
    friend bool operator < (String &string1, String &string2);
    friend bool operator ==(String &string1, String& string2);
private:
    char *p;          //字符型指针，用于指向字符串
};
String::String(char *str)
{
    p=str;              //使 p 指向实参字符串
}
void String::display()
{
    cout<<p<<endl;
}
//定义运算符重载函数
bool operator >(String &string1,String &string2)
{
    if(strcmp(string1.p,string2.p)>0)
        return true;
    else
        return false;
}
bool operator <(String &string1,String &string2)
{
    if(strcmp(string1.p,string2.p)<0)
        return true;
    else
        return false;
}
bool operator ==(String &string1,String &string2)
{
    if(strcmp(string1.p,string2.p)==0)
        return true;
    else
        return false;
}

int main()
{
    String string1("Hello"),string2("Book"),string3("Computer");
    cout<<(string1>string2)<<endl;          //比较结果应该为 true
    cout<<(string1<string3)<<endl;          //比较结果应该为 false
    cout<<(string1==string2)<<endl;         //比较结果应该为 false

    return 0;
}
```

运行结果如下：

```
1
0
0
```

通过这个例子，可以学习到有关双目运算符重载的知识。

7.4 重载单目运算符

单目运算符只有一个操作数，如!a、-b、&c、*p，还有最常用的++i 和--i 等。重载单目运算符的方法与重载双目运算符的方法是类似的。但由于单目运算符只有一个操作数，因此运算符重载函数只有一个参数，如果运算符重载函数作为成员函数，则还可以省略此参数。

下面以自增运算符“++”为例介绍单目运算符的重载。

“++”和“--”运算符有两种使用方式：前置自增运算符和后置自增运算符，它们的作用是不一样的，在重载时怎样区别这二者呢？

针对“++”和“--”的这一特点，C++约定：在自增（自减）运算符重载函数中，增加一个 int 型形参，就是后置自增（自减）运算符函数。

例 7.5 针对例 7.1 中的 Person 类实现“++”运算符重载。

程序如下：

```
#include "iostream.h"
#include "string.h"
class Person
{
public:
    //无参构造函数
    Person()
    {}
    //有参构造函数
    Person(char *na,int ag);
    //获取姓名函数
    char *getName();
    //获取年龄函数
    int getAge();
    //输出属性信息值
    void diplay();
    //声明前置自增运算符“++”重载函数
    Person operator ++();
    //声明后置自增运算符“++”重载函数
    Person operator ++(int);
    //把>的运算符重载函数声明为类的友元函数
    friend bool operator >(Person &p1,Person &p2);

private:
    char name[20];
    int age;
};
Person::Person(char *na,int ag)
{
    strcpy(name,na);
    age=ag;
}
char *Person::getName()
{
    return name;
}
```

```
int Person::getAge()
{
    return age;
}
void Person::diplay()
{
    cout<<"姓名："<<name<<endl;
    cout<<"年龄："<<age<<endl;
}
bool operator >(Person &p1,Person &p2)
{
    if(p1.age>p2.age)
        return true;
    else
        return false;
}

Person Person::operator ++()
{
    ++age;
    //返回自加后的当前对象
    return *this;
}
Person Person::operator ++(int)
{
    age++;
    //返回自加后的当前对象
    return *this;
}

int main()
{
    Person p1("黑土",10);
    cout<<p1.getName()<<"今年"<<p1.getAge()<<"岁。"<<endl;
    p1++;
    cout<<p1.getName()<<"明年"<<p1.getAge()<<"岁。"<<endl;
    return 0;
}
```

运行结果如下：

```
黑土今年 10 岁。
黑土明年 11 岁。
```

可以看到：重载后置自增运算符时多了一个 int 型的参数，增加这个参数只是为了与前置自增运算符重载函数有所区别，此外没有任何作用。编译系统在遇到重载后置自增运算符时，会自动调用此函数。

7.5 重载流插入运算符和流提取运算符

C++的流插入运算符“<<”和流提取运算符“>>”是 C++在类库中提供的，所有 C++编译系统都在类库中提供输入流类 istream 和输出流类 ostream。cin 和 cout 分别是 istream 类和 ostream 类的对象。在类库提供的头文件中已经对“<<”和“>>”进行了重载，使之作为流插入运算符和流提取运算符，能用来输出和输入C++标准类型的数据。因此，在本书前面几章中凡是用“cout<<”和“cin>>”对标准类型数据进行输入输出的，都要用#include <iostream>把头文件包含到本程序文件中。

用户自己定义的类型的数据是不能直接用“<<”和“>>”来输出和输入的。如果想用它们输出和输入自己声明的类型的数据，必须对它们重载。

对“<<”和“>>”重载的函数形式如下：

```
istream & operator >> (istream &,自定义类 &);
ostream & operator << (ostream &,自定义类 &);
```

即重载运算符“>>”的函数的第一个参数和函数的类型都必须是 istream&类型，第二个参数是要进行输入操作的类。重载运算符“<<”的函数的第一个参数和函数的类型都必须是ostream&类型，第二个参数是要进行输出操作的类。因此，只能将重载“>>”和“<<”的函数作为友元函数或普通的函数，而不能将它们定义为成员函数。

在程序中，人们希望能用插入运算符“<<”来输出用户自己声明的类的对象的信息，这就需要重载流插入运算符“<<”。

例 7.6 在例 7.5 的基础上，增加重载流提取运算符“>>”，用“cin>>”输入 Person 信息，用“cout<<”输出 Person 信息。

程序如下：

```
#include "iostream.h"
#include "string.h"
class Person
{
public:
    //无参构造函数
    Person()
    {}
    //有参构造函数
    Person(char *na,int ag);
    //获取姓名函数
    char *getName();
    //获取年龄函数
    int getAge();
    //输出属性信息值
    void diplay();
    //声明前置自增运算符“++”重载函数
    Person operator ++();
    //声明后置自增运算符“++”重载函数
    Person operator ++(int);
    //把>的运算符重载函数声明为类的友元函数
    friend bool operator >(Person &p1,Person &p2);
    //声明重载运算符“<<”为友元函数
    friend ostream & operator << (ostream &output,Person &p);
    //声明重载运算符“>>”为友元函数
    friend istream & operator >> (istream &input,Person &p);
private:
    char name[20];
    int age;
};
Person::Person(char *na,int ag)
{
    strcpy(name,na);
```

```
        age=ag;
    }
    char *Person::getName()
    {
        return name;
    }
    int Person::getAge()
    {
        return age;
    }
    void Person::diplay()
    {
        cout<<"姓名："<<name<<endl;
        cout<<"年龄："<<age<<endl;
    }
    bool operator >(Person &p1,Person &p2)
    {
        if(p1.age>p2.age)
            return true;
        else
            return false;
    }

    Person Person::operator ++()
    {
        ++age;
        //返回自加后的当前对象
        return *this;
    }
    Person Person::operator ++(int)
    {
        age++;
        //返回自加后的当前对象
        return *this;
    }
    //定义重载运算符“<<”
    ostream & operator << (ostream &output,Person &p)
    {
        output<<"姓名："<<p.name<<endl;
        output<<"年龄："<<p.age<<endl;
        return output;
    }
    //定义重载运算符“>>”
    istream & operator >> (istream &input,Person &p)
    {
        cout<<"输入姓名：";
        input>>p.name;
        cout<<"输入年龄：";
        input>>p.age;
        return input;
    }

    int main()
    {
        Person p1,p2;
        cout<<"输入第一个人的信息："<<endl;
        cin>>p1;
        cout<<"输入第二个人的信息："<<endl;
```

```
    cin>>p2;
    cout<<p1<<endl;
    cout<<p2<<endl;
    return 0;
}
```

运行结果如下：

```
输入第一个人的信息：
输入姓名：黑土（回车）
输入年龄：10（回车）
输入第二个人的信息：
输入姓名：白云（回车）
输入年龄：10（回车）
姓名：黑土
年龄：10

姓名：白云
年龄：10
```

通过前面的讨论可以看到：在 C++中，运算符重载是很重要的、很有实用意义的。它使类的设计更加丰富多彩，扩大了类的功能和使用范围，使程序易于理解，易于对对象进行操作，它体现了为用户着想、方便用户使用的思想。有了运算符重载，在声明了类之后，人们就可以像使用标准类型一样来使用自己声明的类。类的声明往往是一劳永逸的，有了好的类，用户在程序中就不必定义许多成员函数去完成某些运算和输入输出的功能，使主函数更加简单易读。好的运算符重载能体现面向对象程序设计的思想。

7.6　实训任务　运算符重载的应用

实训目的：

1．熟练掌握 C++编程规范。

2．掌握运算符重载的含义。

3．掌握重载双目运算符和单目运算符的方法。

4．掌握“<<”和“>>”运算符重载的方法。

实训环境：

Visual C++ 6.0

实训内容：

1．定义一个复数类 Complex，重载运算符+、-、*、/，使之能用于复数的加、减、乘、除。运算符重载函数作为 Complex 类的成员函数。编程分别求两复数的和、差、积、商。同时重载运算符<<和>>，使之能用于该复数的输入和输出。

2．有两个矩阵 a 和 b，均为 2 行 3 列。求两个矩阵之和。重载运算符+，使之能用于矩阵相加。如 c=a+b。同时重载运算符<<和>>，使之能用于该矩阵的输入和输出。

8

继承与派生

面向对象程序设计有 4 个主要特点：抽象、封装、继承和多态性。

面向对象技术强调软件的可重用性（software reusability），C++语言提供了类的继承机制，解决了软件重用问题。本章中主要介绍有关继承的知识。

8.1　继承与派生的概念

在 C++中可重用性是通过继承（inheritance）这一机制来实现的。继承是 C++的一个重要组成部分。

一个类中包含了若干数据成员和成员函数。在不同的类中，数据成员和成员函数是不相同的。但有时两个类的内容基本相同或有一部分相同。利用原来声明的类作为基础类，再加上新的内容即可定义新的类（如图 8-1 所示的继承关系），这样大大减少了重复的工作量。C++提供的继承机制就是为了解决这个问题。

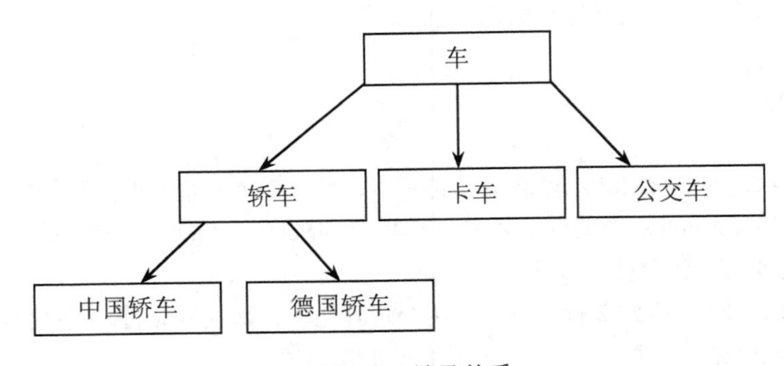

图 8-1　继承关系

在 C++中，所谓“继承”就是在一个已存在的类的基础上建立一个新的类。已存在的类称为“基类（base class）”或“父类（father class）”，新建的类称为“派生类（derived class）”或“子类（son class）”。

一个新类从已有的类那里获得其已有特性，这种现象称为类的继承。

通过继承，一个新建子类从已有的父类那里获得父类的特性。

从另一个角度说，从已有的类（父类）产生一个新的子类，称为类的派生。

类的继承是用已有的类来建立专用类的编程技术。派生类继承了基类的所有数据成员和成员函数，并可以对成员作必要的增加或调整。

一个基类可以派生出多个派生类，每一个派生类又可以作为基类再派生出新的派生类，因此基类和派生类是相对而言的。

以上介绍的是最简单的情况：一个派生类只从一个基类派生，这称为单继承（single inheritance），这种继承关系所形成的层次是一个树形结构（同图 8-1 所示的结构类似）。

请注意图中箭头的方向，在本书中约定，箭头表示继承的方向，从基类指向派生类，如图 8-2 所示。

一个派生类不仅可以从一个基类派生，也可以从多个基类派生。一个派生类有两个或多个基类的称为多重继承（multiple inheritance），如图 8-3 所示的多重继承。

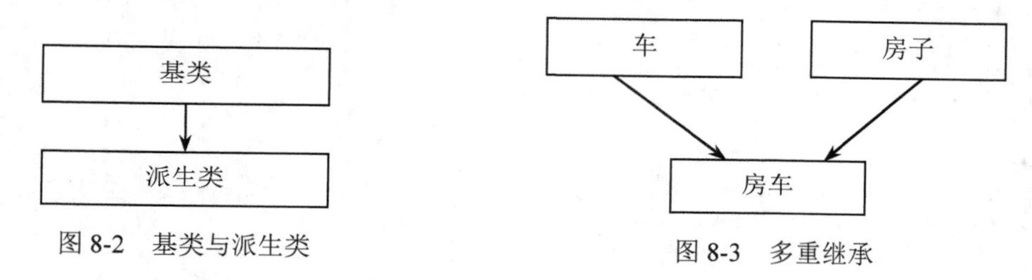

图 8-2　基类与派生类

图 8-3　多重继承

关于基类和派生类的关系可以表述为：派生类是基类的具体化，而基类是派生类的抽象。

8.2　派生类的声明方式

例 8.1　假设已经声明了一个基类 Person，在此基础上通过单继承建立一个派生类 Student。

程序代码如下：

```
#include "iostream"
using namespace std;
class Person
{
public:
    //设置姓名函数
    void setName(char *na);
    //获取姓名函数
    char *getName();
    //设置年龄函数
    void setAge(int ag);
    //获取年龄函数
    int getAge();
    //输出属性信息值
    void display();
private:
    char name[20];      //姓名
    int age;            //年龄
};
void Person::setName(char *na)
{
```

```
    strcpy(name,na);
}
char *Person::getName()
{
    return name;
}
void Person::setAge(int ag)
{
    age=ag;
}
int Person::getAge()
{
    return age;
}
void Person::display()
{
    cout<<"姓名："<<name<<endl;
    cout<<"年龄："<<age<<endl;
}

class Student: public Person           //声明基类 Person
{
public:
    //设置学号函数，新增加的成员函数
    void setNum(int nu);
    //获取学号函数，新增加的成员函数
    int getNum();
    //设置专业函数，新增加的成员函数
    void setSpecialty(char *sp);
    //获取专业函数，新增加的成员函数
    char *getSpecialty();
    void display();             //注意该函数与基类中的函数声明格式一样①
private :
    int num;                    //新增加的数据成员，学号
    char specialty[50];         //新增加的数据成员，专业
};
void Student::setNum(int nu)
{
    num=nu;
}
int Student::getNum()
{
    return num;
}
void Student::setSpecialty(char *sp)
{
    strcpy(specialty,sp);
}
char * Student::getSpecialty()
{
    return specialty;
}
void Student::display()
{
    Person::display();          //调用父类的函数
```

```
        cout<<"学号: "<<num<<endl;
        cout<<"专业: "<< specialty<<endl;
    }

    int main()
    {
        Person p;
        p.setName("太阳");
        p.setAge（10）;
        p.display();
        Student s;
        s.setName("月亮");
        s.setAge(20);
        s.setNum(1001);
        s.setSpecialty("软件技术");
        s.display();
        return 0;
    }
```

运行结果如下：

```
姓名：太阳
年龄：10
姓名：月亮
年龄：20
学号：1001
专业：软件技术
```

定义 Student 类过程中在继承基类时，前面有 public 的称为“公有继承（public inheritance）”。

声明派生类的一般形式为：

```
class 派生类名:[继承方式] 基类名
{
    派生类新增加的成员
};
```

继承方式包括：public（公有的）、private（私有的）和 protected（受保护的），此项是可选的，如果不写此项，则默认为 private（私有的）。

另外注意，Student 类中标记①的地方，void display();的声明格式和基类中 void display();的声明格式一样，只是函数功能不一样，我们把这种情况叫做重写（或覆盖）。

重写是指派生类重新定义基类的函数，特征是：不在同一个作用域（分别位于派生类与基类）中，函数声明格式一样，只是函数功能发生变化，需要重新描述。

8.3 派生类的构成

在基类中包括数据成员和成员函数（或称数据与方法）两部分，派生类分为两大部分：一部分是从基类继承来的成员，另一部分是在声明派生类时增加的部分。每一部分均包括数据成员和成员函数。

实际上，并不是把基类的成员和派生类自己增加的成员简单地加在一起就成为派生类。构造一个派生类包括以下三部分工作：

（1）从基类接收成员。

派生类把基类全部的成员（不包括构造函数和析构函数）接收过来，也就是说是没有选择的，不能选择接收其中一部分成员，而舍弃另一部分成员。

要求我们根据派生类的需要慎重选择基类，使冗余量最小。事实上，有些类是专门作为基类设计的，在设计时充分考虑到派生类的要求。

（2）调整从基类接收的成员。

接收基类成员是程序人员不能选择的，但是程序人员可以对这些成员作某些调整。

（3）在声明派生类时增加的成员。

这部分内容是很重要的，它体现了派生类对基类功能的扩展。要根据需要仔细考虑应当增加哪些成员，精心设计。

此外，在声明派生类时，一般还应当自己定义派生类的构造函数和析构函数，因为构造函数和析构函数是不能从基类继承的。

派生类是基类定义的延续。可以先声明一个基类，在此基类中只提供某些最基本的功能，而另外有些功能并未实现，然后在声明派生类时加入某些具体的功能，形成适用于某一特定应用的派生类。

通过对基类声明的延续将一个抽象的基类转化成具体的派生类，因此派生类是抽象基类的具体实现。

8.4 派生类成员的访问属性

既然派生类中包含基类成员和派生类自己增加的成员，这就产生了这两部分成员的关系和访问属性的问题。

在建立派生类的时候，并不是简单地把基类的私有成员直接作为派生类的私有成员，把基类的公有成员直接作为派生类的公有成员。

实际上，对基类成员和派生类自己增加的成员是按不同的原则处理的。

具体来说，在讨论访问属性时要考虑以下几种情况：

（1）基类的成员函数访问基类成员。

（2）派生类的成员函数访问派生类自己增加的成员。

（3）基类的成员函数访问派生类的成员。

（4）派生类的成员函数访问基类的成员。

（5）在派生类外访问派生类的成员。

（6）在派生类外访问基类的成员。

第（1）种和第（2）种情况比较简单，即基类的成员函数可以访问基类成员，派生类的成员函数可以访问派生类成员。

私有数据成员只能被同一类中的成员函数访问，公有成员可以被外界访问。

第（3）种情况也比较明确，基类的成员函数只能访问基类的成员，而不能访问派生类的成员。

第（5）种情况也比较明确，在派生类外可以访问派生类的公有成员，而不能访问派生类的私有成员。

第（4）种和第（6）种情况就要稍微复杂一些，也容易混淆。

这些牵涉到如何确定基类的成员在派生类中的访问属性的问题，不仅要考虑对基类成员所声明的访问属性，还要考虑派生类所声明的对基类的继承方式，根据这两个因素共同决定基类成员在派生类中的访问属性。

前面已经提到：在派生类中，对基类的继承方式可以有 public（公有的）、private（私有的）和 protected（保护的）三种。

不同的继承方式决定了基类成员在派生类中的访问属性，简单地说：

（1）公有继承（public inheritance）：基类的公有成员和保护成员在派生类中保持原有的访问属性，其私有成员仍为基类私有。

（2）私有继承（private inheritance）：基类的公有成员和保护成员在派生类中成了私有成员，其私有成员仍为基类私有。

（3）受保护的继承（protected inheritance）：基类的公有成员和保护成员在派生类中成了保护成员，其私有成员仍为基类私有。

保护成员的意思是：不能被外界引用，但可以被派生类的成员引用，具体的用法将在稍后介绍。

8.4.1　公有继承

在定义一个派生类时将基类的继承方式指定为 public，称为公有继承，用公有继承方式建立的派生类称为公有派生类（public derived class），其基类称为公有基类（public base class）。

采用公有继承方式时，基类的公有成员和保护成员在派生类中仍然保持其公有成员和保护成员的属性，而基类的私有成员在派生类中并没有成为派生类的私有成员，它仍然是基类的私有成员，只有基类的成员函数可以引用它，而不能被派生类的成员函数引用，因此就成为派生类中不可访问的成员。

公有基类的成员在派生类中的访问属性如表 8.1 所示。

表 8.1　公有基类在派生类中的访问属性

公有基类成员	在派生类中的访问属性
私有成员	不可访问
公有成员	公有
保护成员	保护

例 8.2　访问公有基类的成员。

类的声明部分（代码详见例 8.1）如下：

```
class Person
{
public:
    //设置姓名函数
    void setName(char *na);
    //获取姓名函数
    char *getName();
    //设置年龄函数
    void setAge(int ag);
    //获取年龄函数
    int getAge();
    //输出属性信息值
    void display();
private:
```

```
    char name[20];                          //姓名
    int age;                                //年龄
};
class Student: public Person                //声明基类为 Person
{
public:
    //设置学号函数，新增加的成员函数
    void setNum(int nu);
    //获取学号函数，新增加的成员函数
    int getNum();
    //设置专业函数，新增加的成员函数
    void setSpecialty(char *sp);
    //获取专业函数，新增加的成员函数
    char *getSpecialty();
    void display();
private :
    int num;                                //新增加的数据成员，学号
    char specialty[50];                     //新增加的数据成员，专业
};
```

由于基类的私有成员对派生类来说是不可访问的，因此在派生类的 display_1 函数中直接引用基类的私有数据成员 num、specialty 是不允许的，所以在 display1()函数体内只能通过调用基类的 display()输出基类的信息。

8.4.2 私有继承

在声明一个派生类时将基类的继承方式指定为 private，称为私有继承，用私有继承方式建立的派生类称为私有派生类（private derived class），其基类称为私有基类（private base class）。

私有基类的公有成员和保护成员在派生类中的访问属性相当于派生类中的私有成员，即派生类的成员函数能访问它们，而在派生类外不能访问它们。

私有基类的私有成员在派生类中成为不可访问的成员，只有基类的成员函数可以引用它们。

一个基类成员在基类中的访问属性和在派生类中的访问属性可能是不同的。私有基类的成员在私有派生类中的访问属性如表 8.2 所示。

表 8.2　私有基类在派生类中的访问属性

私有基类成员	在派生类中的访问属性
私有成员	不可访问
公有成员	私有
保护成员	私有

对表 8.2 的规定不必死记，只需要理解：既然声明为私有继承，就表示将原来能被外界引用的成员隐藏起来，不让外界引用，因此私有基类的公有成员和保护成员理所当然地成为派生类中的私有成员。

私有基类的私有成员按规定只能被基类的成员函数引用，在基类外当然不能访问它们，因此它们在派生类中是隐藏的、不可访问的。

对于不需要再往下继承的类的功能可以用私有继承方式把它隐藏起来，这样下一层的派生类无法访问它的任何成员。

可以知道：一个成员在不同的派生层次中的访问属性可能是不同的。它与继承方式有关。

例 8.3　将例 8.2 中的公有继承方式改为私有继承方式，其他保持不变。

把 class Student: public Person 声明改为 class Student: private Person 即可，请分析主函数中的代码。

```
int main()
{
    Student stu1;
    stu1. setAge(10);     //①
    return 0;
}
```

可以看到：

（1）不能通过派生类对象（如 stu1）引用从私有基类继承过来的任何成员（如①stu1.setAge(10)是错误的）。

（2）派生类的成员函数不能访问私有基类的私有成员，但可以访问私有基类的公有成员（如在 display 函数可以调用基类的公有成员函数 Student::display 函数，但不能引用基类的私有成员 name）。

8.4.3　保护成员和保护继承

由 protected 声明的成员称为“受保护的成员”，或简称“保护成员”。

从类的用户角度来看，保护成员等价于私有成员。但有一点与私有成员不同，保护成员可以被派生类的成员函数引用。

如果基类声明了私有成员，那么任何派生类都是不能访问它们的，若希望在派生类中能访问它们，应当把它们声明为保护成员。

如果在一个类中声明了保护成员，就意味着该类可能要用作基类，在它的派生类中会访问这些成员。

在定义一个派生类时将基类的继承方式指定为 protected，称为保护继承，用保护继承方式建立的派生类称为保护派生类（protected derived class），其基类称为受保护的基类（protected base class），简称保护基类。

保护继承的特点是：保护基类的公有成员和保护成员在派生类中都成了保护成员，其私有成员仍为基类私有。也就是把基类原有的公有成员也保护起来，不让类外任意访问。

将表 8.1 和表 8.2 综合起来并增加保护继承的内容，如表 8.3 所示。

表 8.3　基类在派生类中的访问属性

基类中的成员	公有派生类中的访问属性	私有派生类中的访问属性	保护派生类中的访问属性
私有成员	不可访问	不可访问	不可访问
公有成员	公有	私有	保护
保护成员	私有	私有	私有

保护基类的所有成员在派生类中都被保护起来，类外不能访问，其公有成员和保护成员可以被其派生类的成员函数访问。

比较一下私有继承和保护继承(也就是比较在私有派生类中和在保护派生类中的访问属性)，可以发现，在直接派生类中，以上两种继承方式的作用实际上是相同的：在类外不能访问任何成员，而在派生类中可以通过成员函数访问基类中的公有成员和保护成员。

但是如果继续派生，在新的派生类中两种继承方式的作用就不同了。

例如，如果以公有继承方式派生出一个新派生类，原来私有基类中的成员在新派生类中都成为不可访问的成员，无论在派生类内或外都不能访问，而原来保护基类中的公有成员和保护成员在新派生类中为保护成员，可以被新派生类的成员函数访问。

从表 8.3 可知：基类的私有成员被派生类继承后变为不可访问的成员，派生类中的一切成员均无法访问它们。

如果需要在派生类中引用基类的某些成员，应当将基类的这些成员声明为 protected，而不要声明为 private。

如果善于利用保护成员，可以在类的层次结构中找到数据共享与成员隐藏之间的结合点，既可实现某些成员的隐藏，又可方便地继承，能实现代码重用与扩充。

通过上面的介绍可以知道：

（1）在派生类中，成员有 4 种不同的访问属性（如表 8.4 所示）：

- 公有的：派生类内和派生类外都可以访问。
- 受保护的：派生类内可以访问，派生类外不能访问，其下一层的派生类可以访问。
- 私有的：派生类内可以访问，派生类外不能访问。
- 不可访问的：派生类内和派生类外都不能访问。

表 8.4　派生类中成员的访问属性

派生类中的成员	在派生类中	在派生类外部	在下层公有派生类中
派生类中访问属性为公有的成员	可以	可以	可以
派生类中访问属性为受保护的成员	可以	不可以	不可以
派生类中访问属性为私有的成员	可以	不可以	不可以
派生类中不可访问的成员	不可以	不可以	不可以

需要说明的是：①这里所列出的成员的访问属性是指在派生类中所获得的访问属性；②所谓在派生类外部，是指在建立派生类对象的模块中在派生类范围之外；③如果本派生类继续派生，则在不同的继承方式下成员所获得的访问属性是不同的，在本表中只列出在下一层公有派生类中的情况，如果是私有继承或保护继承，读者可以从表 8.3 中找到答案。

（2）类的成员在不同的作用域中有不同的访问属性，对这一点要十分清楚。只要分清类的成员在类中的权限是什么，就可以确定它的访问属性。

8.5　派生类的构造函数

用户在声明类时可以不定义构造函数，系统会自动设置一个默认的构造函数，在定义类对象时会自动调用这个默认的构造函数。这个构造函数实际上是一个空函数，不执行任何操作。如果需要对类中的数据成员初始化，应自己定义构造函数。

构造函数的主要作用是对数据成员初始化。在设计派生类的构造函数时，不仅要考虑派生类所增加的数据成员的初始化，还应当考虑基类的数据成员的初始化。也就是说，希望在执行派生类的构造函数时使派生类的数据成员和基类的数据成员同时都被初始化。解决这个问题的思路是：在执行派生类的构造函数时调用基类的构造函数。

8.5.1　简单的派生类的构造函数

任何派生类都包含基类的成员，简单的派生类只有一个基类，而且只有一级派生（只有直接派生类，没有间接派生类），在派生类的数据成员中不包含基类的对象（即子对象）。

例 8.4　简单的派生类的构造函数。

类的声明部分（部分代码详见例 8.1）如下：

```
#include "iostream"
using namespace std;
class Person
{
public:
    //无参构造函数
    Person()
    {}
    //有参构造函数
    Person(char *na,int ag)
    {
        strcpy(name,na);
        age=ag;
    }
    //设置姓名函数
    void setName(char *na);
    //获取姓名函数
    char *getName();
    //设置年龄函数
    void setAge(int ag);
    //获取年龄函数
    int getAge();
    //输出属性信息值
    void display();
private:
    char name[20];  //姓名
    int age;        //年龄
};
class Student: public Person   //声明基类为 Person
{
public:
    //派生类的构造函数
    Student(char *na,int ag,int n,char *sp):Person(na,ag)
    {
        num=n;
        strcpy(specialty,sp);
    }
    //设置学号函数，新增加的成员函数
    void setNum(int nu);
    //获取学号函数，新增加的成员函数
    int getNum();
    //设置专业函数，新增加的成员函数
```

```
        void setSpecialty(char *sp);
        //获取专业函数，新增加的成员函数
        char *getSpecialty();
        void display();
    private :
        int num;                    //新增加的数据成员，学号
        char specialty[50];     //新增加的数据成员，专业
    };
    int main()
    {
        Student stu1("太阳",20,1001,"软件技术");
        stu1.display();     //输出数据
        return 0;
    }
```

运行结果如下：

```
姓名：太阳
年龄：20
学号：1001
专业：软件技术
```

请注意派生类构造函数首行的写法：

```
Student(char *na,int ag,int n,char *sp):Person(na,ag)
```

其一般形式为：

```
派生类构造函数名(总参数表列):基类构造函数名(参数表列)
{
    派生类中新增数据成员初始化语句
}
```

在 main 函数中，建立对象 stu1 时指定了 4 个实参，它们按顺序传递给派生类构造函数 Student 的形参，然后派生类构造函数将前面两个传递给基类构造函数的形参，通过 Person(na,ag)把两个值再传给基类构造函数的形参。后两个参数对派生类新定义的属性进行初始化。

在以上的例子中，调用基类构造函数时的实参是从派生类构造函数的总参数表列中得到的，也可以不从派生类构造函数的总参数表列中传递过来，而是直接使用常量或全局变量。

例如，派生类构造函数首行可以写成以下形式：

```
Student(char *na,int n,char *sp):Person(na,20)
```

即基类构造函数的两个实参中，有一个是常量 20，另外一个从派生类构造函数的总参数表列传递过来。

在建立一个对象时，执行构造函数的顺序如下：

（1）派生类构造函数先调用基类构造函数。

（2）执行派生类构造函数本身（即派生类构造函数的函数体）。

对上例来说，先初始化 name 和 age，然后再初始化 num 和 specialty。

注意：一定要保证派生类构造函数调用的基类构造函数存在，否则派生类定义对象失败。

8.5.2 有子对象的派生类的构造函数

类的数据成员中还可以包含类对象，例如可以在声明一个类时包含这样的数据成员：

```
Person pfa;             //Person 是已声明的类名，pfa 是 Person 类的对象，这时 pfa 就是类对象中的内嵌对象，称为
                        //子对象（subobject），即对象中的对象
```

下面通过例子来说明问题。

例 8.5　包含子对象的派生类的构造函数（部分代码详见例 8.1）。

```
#include "iostream"
using namespace std;
class Person
{
public:
    //无参构造函数
    Person()
    {}
    //有参构造函数
    Person(char *na,int ag)
    {
        strcpy(name,na);
        age=ag;
    }
    //设置姓名函数
    void setName(char *na);
    //获取姓名函数
    char *getName();
    //设置年龄函数
    void setAge(int ag);
    //获取年龄函数
    int getAge();
    //输出属性信息值
    void display();
protected:
    char name[20];      //姓名
    int age;            //年龄
};
void Person::setName(char *na)
{
    strcpy(name,na);
}
char *Person::getName()
{
    return name;
}
void Person::setAge(int ag)
{
    age=ag;
}
int Person::getAge()
{
    return age;
}
void Person::display()
{
    cout<<"姓名："<<name<<endl;
    cout<<"年龄："<<age<<endl;
}
```

```
class Student:public Person            //声明基类为 Person
{
public:
    //派生类的构造函数
    Student(char *na,int ag,char *pna,int pag,int n,char *sp):
                Person(na,ag),pfa(pna,pag)
    {
        num=n;
        strcpy(specialty,sp);
    }
    //获取学号函数
    int getNum();
    //设置学号函数
    void setNum(int nu);
    //获取专业函数
    char *getSpecialty();
    //设置专业函数
    void setSpecialty(char *sp);
    void display();          //新增加的成员函数
protected:
    Person pfa;              //父亲信息
    int num;                 //新增加的数据成员，学号
    char specialty[50];      //新增加的数据成员，专业
};
void Student::setNum(int nu)
{
    num=nu;
}
int Student::getNum()
{
    return num;
}
void Student::setSpecialty(char *sp)
{
    strcpy(specialty,sp);
}
char * Student::getSpecialty()
{
    return specialty;
}
void Student::display()
{
    cout<<"父亲信息："<<endl;
    pfa.display();
    cout<<"学生信息："<<endl;
    Person::display();           //调用父类的函数
    cout<<"学号："<<num<<endl;
    cout<<"专业："<< specialty<<endl;
}
int main()
```

```
{
    Student stu1("太阳",20,"父亲",45,1001,"软件技术");
    stu1.display();          //输出数据
    return 0;
}
```

运行结果如下：

```
父亲信息：
姓名：父亲
年龄：45
学生信息：
姓名：太阳
年龄：20
学号：1001
专业：软件技术
```

派生类构造函数的任务应该包括以下三个部分：

- 对基类数据成员初始化。
- 对子对象数据成员初始化。
- 对派生类数据成员初始化。

在上面的构造函数中有 6 个形参，前两个作为基类构造函数的参数，第 3、4 个作为子对象构造函数的参数，第 5、6 个用作派生类数据成员的初始化。

归纳起来，定义派生类构造函数的一般形式为：

```
派生类构造函数名(总参数表列):基类构造函数名(参数表列),子对象名(参数表列)
{
    派生类中新增数据成员初始化语句
}
```

执行派生类构造函数的顺序如下：

（1）调用基类构造函数，对基类数据成员初始化。

（2）调用子对象构造函数，对子对象数据成员初始化。

（3）执行派生类构造函数本身，对派生类数据成员初始化。

派生类构造函数的总参数表列中的参数应当包括基类构造函数和子对象的参数表列中的参数。

8.6 实训任务 继承与派生的应用

实训目的：

1．熟练掌握 C++编程规范。

2．掌握类的继承与派生的定义。

3．掌握派生类的成员构成。

4．掌握派生类的成员的访问属性。

5．掌握派生类的构造函数的定义与应用。

实训环境：

Visual C++ 6.0

实训内容：

1．分别定义 Teacher（教师）和 Cadre（干部）类，采用多重继承方式由这两个类派生出新类

Teacher_Cadre（教师兼干部）。要求如下：

（1）在两个基类中都包含姓名、年龄、性别、地址、电话等数据成员。

（2）在 Teacher 类中还包含数据成员 title（职称），在 Cadre 类中还包含数据成员 post（职务），在 Teacher_Cadre 类中还包含数据成员 wages（工资）。

（3）对两个基类中的姓名、年龄、性别、地址、电话等数据成员用相同的名字，在引用这些数据成员时指定作用域。

（4）在类体中声明成员函数，在类体外定义成员函数。

（5）在派生类 Teacher_Cadre 的成员函数 show 中调用 Teacher 类中的 display 函数，输出姓名、年龄、性别、地址、电话，然后再用 cout 语句输出职务与工资。

2．定义一个基类 A，数据成员：姓名（name）、年龄（age），都是受保护的，函数成员：display()（公共的，输出姓名、年龄）；再定义一个派生类 B，以公有方式继承 A，数据成员：工资（page），函数成员：display()（公共的，输出所有信息）。注：其他需要的变量可自行定义。

9 多态性与虚函数

9.1 多态性的概念

多态性（polymorphism）是面向对象程序设计的一个重要特征。利用多态性可以设计和实现一个易于扩展的系统。

在 C++程序设计中，多态性是指具有不同功能的函数可以用同一个函数名，这样就可以用一个函数名调用不同内容的函数。

在面向对象方法中一般是这样表述多态性的：向不同的对象发送同一个消息，不同的对象在接收时会产生不同的行为（即方法）。也就是说，每个对象可以用自己的方式去响应共同的消息。

在 C++程序设计中，在不同的类中定义了其响应消息的方法，那么使用这些类时，不必考虑它们是什么类型，只要发布消息即可。

从系统实现的角度看，多态性分为两类：静态多态性和动态多态性。以前学过的函数重载和运算符重载实现的多态性属于静态多态性，在程序编译时系统就能决定调用的是哪个函数，因此静态多态性又称为编译时的多态性。静态多态性是通过函数的重载实现的（运算符重载实质上也是函数重载）。动态多态性是在程序运行过程中才动态地确定操作所针对的对象，又称为运行时的多态性。动态多态性是通过虚函数（virtual function）实现的。

有关静态多态性的应用已经介绍过了，本章主要介绍动态多态性和虚函数。要研究的问题是：当一个基类被继承为不同的派生类时，各派生类可以使用与基类成员相同的成员名，如果在运行时用同一个成员名调用类对象的成员，会调用哪个对象的成员？也就是说，通过继承产生了相关的不同的派生类，与基类成员同名的成员在不同的派生类中有不同的含义。也可以说，多态性是“一个接口，多种方法”。

9.2 典型案例

下面是一个承上启下的例子。一方面它是有关继承和运算符重载内容综合应用的例子，通过这个例子可以进一步融会贯通前面所学的内容；另一方面又是作为讨论多态性的一个基础用例。

例 9.1 根据图 9-1 所示类的派生结构定义对应的类，要求编写程序，重载运算符“<<”，使之能用于输出以上类对象。

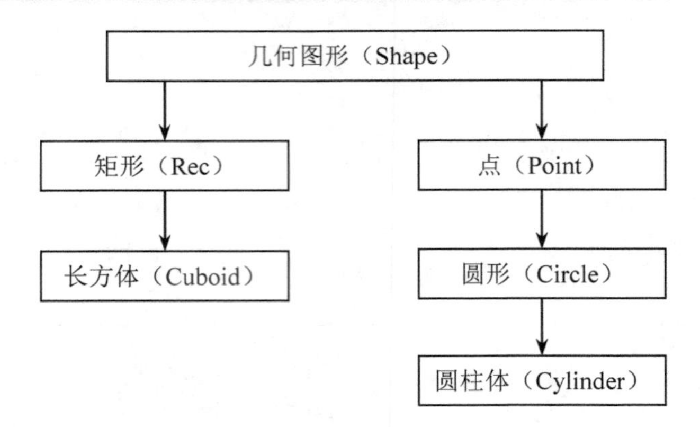

图 9-1 类的派生结构图

注意：①编写代码时要完成一个测试一个，不要等全部写完再测试应用；②分析哪些成员函数发生了重写。

程序代码如下：

```
#include "iostream.h"
//定义几何图形（Shape）类
class Shape
{
public:
    //输出几何图形名称
    void display()
    {
        cout<<"几何图形"<<endl;
    }
    //计算图形的周长
    double girth()
    {
        return 0.0;
    }
    //计算图形的面积
    double area()
    {
        return 0.0;
    }
};
//定义矩形（Rec）类
class Rec:public Shape
{
public:
    //无参构造函数
    Rec()
    {
        length=1.0;
        width=1.0;
    }
    //有参构造函数
    Rec(double x,double y)
    {
        length=x;
```

```
        width=y;
    }
    //输出几何图形名称
    void display()
    {
        cout<<"我是矩形"<<endl;
    }
    //计算矩形的周长
    double girth()
    {
        return 2.0*(length+width);
    }
    //计算矩形的面积
    double area()
    {
        return length*width;
    }
    //声明重载运算符"<<"为友元函数
    friend ostream &operator <<(ostream &output,Rec &rec);
protected:
    double length;      //长
    double width;       //宽
};
//重载运算符"<<"
ostream &operator <<(ostream &output,Rec &rec)
{
    output<<"长："<<rec.length<<endl;
    output<<"宽："<<rec.width<<endl;
    return output;
}

//定义长方体（Cuboid）类
class Cuboid:public Rec
{
public:
    //无参构造函数，默认会执行 Rec 的无参构造函数
    Cuboid()
    {
        height=1.0;
    }
    //有参构造函数，会执行 Rec 的有参构造函数
    Cuboid(double x,double y,double z):Rec(x,y)
    {
        height=z;
    }
    //输出几何图形名称
    void display()
    {
        cout<<"我是长方体"<<endl;
    }
    //计算长方体的棱长
    double girth()
    {
        return 4.0*(length+width+height);
    }
```

```
    //计算长方体的表面积
    double area()
    {
        return 2.0*(length*width+length*height+width*height);
    }
    //声明重载运算符“<<”为友元函数
    friend ostream &operator <<(ostream &output,Cuboid &cuboid);
protected:
    double height;        //高
};
//重载运算符“<<”
ostream &operator <<(ostream &output,Cuboid &cuboid)
{
    output<<"长："<<cuboid.length<<endl;
    output<<"宽："<<cuboid.width<<endl;
    output<<"高："<<cuboid.height<<endl;
    return output;
}

//定义点（Point）类
class Point:public Shape
{
public:
    //无参构造函数
    Point()
    {
        px=0.0;
        py=0.0;
    }
    //有参构造函数
    Point(double x,double y)
    {
        px=x;
        py=y;
    }
    //输出几何图形名称
    void display()
    {
        cout<<"我是点"<<endl;
    }
    //声明重载运算符“<<”为友元函数
    friend ostream &operator <<(ostream &output,Point &point);
protected:
    double px;       //横坐标
    double py;       //纵坐标
};
//重载运算符“<<”
ostream &operator <<(ostream &output,Point &point)
{
    output<<"横坐标："<<point.px<<endl;
    output<<"纵坐标："<<point.py<<endl;
    return output;
}

//定义圆形(Circle)类
```

```
class Circle:public Point
{
public:
    //无参构造函数，默认会执行 Point 的无参构造函数
    Circle()
    {
        radius=1.0;
    }
    //有参构造函数，会执行 Point 的有参构造函数
    Circle(double x,double y,double z):Point(x,y)
    {
        radius=z;
    }
    //输出几何图形名称
    void display()
    {
        cout<<"我是圆形"<<endl;
    }
    //计算圆形的周长
    double girth()
    {
        return 2.0*3.14*radius;
    }
    //计算圆形的面积
    double area()
    {
        return 3.14*radius*radius;
    }
    //声明重载运算符“<<”为友元函数
    friend ostream &operator <<(ostream &output,Circle &circle);
protected:
    double radius;        //半径
};
//重载运算符“<<”
ostream &operator <<(ostream &output,Circle &circle)
{
    output<<"圆心坐标：("<<circle.px<<","<<circle.py<<")"<<endl;
    output<<"半径："<<circle.radius<<endl;
    return output;
}

//定义圆柱体（Cylinder）类
class Cylinder:public Circle
{
public:
    //无参构造函数，默认会执行 Circle 的无参构造函数
    Cylinder()
    {
        height=1.0;
    }
    //有参构造函数，会执行 Circle 的有参构造函数
    Cylinder(double x,double y,double z,double h):Circle(x,y,z)
    {
        height=h;
    }
```

```
    //输出几何图形名称
    void display()
    {
        cout<<"我是圆柱体"<<endl;
    }
    //计算圆柱体两底面的周长和
    double girth()
    {
        return 4.0*3.14*radius;
    }
    //计算圆柱体的表面积
    double area()
    {
        return 2.0*3.14*radius*radius+2.0*3.14*radius*height;
    }
    //声明重载运算符"<<"为友元函数
    friend ostream &operator <<(ostream &output,Cylinder &cylinder);
protected:
    double height;          //圆柱体高
};
//重载运算符"<<"
ostream &operator <<(ostream &output,Cylinder &cylinder)
{
    output<<"圆心坐标：("<<cylinder.px<<","<<cylinder.py<<")"<<endl;
    output<<"半径："<<cylinder.radius<<endl;
    output<<"高度："<<cylinder.height<<endl;
    return output;
}

int main()
{
    //矩形
    Rec rec(2.0,1.0);
    rec.display();
    cout<<rec;
    //长方体
    Cuboid cuboid(1.0,2.0,3.0);
    cuboid.display();
    cout<<cuboid;
    //点
    Point point(1.5,2.3);
    point.display();
    cout<<point;
    //圆形
    Circle circle(1.3,5.2,2.5);
    circle.display();
    cout<<circle;
    //圆柱体
    Cylinder cylinder(3.5,3.0,2.0,1.5);
    cylinder.display();
    cout<<cylinder;
    return 0;
}
```

运行结果如下：

```
我是矩形
长：2
宽：1
我是长方形
长：1
宽：2
高：3
我是点
横坐标：1.5
纵坐标：2.3
我是圆形
圆心坐标：(1.3,5.2)
半径：2.5
我是圆柱体
圆心坐标：(3.5,3)
半径：2
高度：1.5
```

在本例中存在静态多态性，这是运算符重载引起的。可以看到，在编译时编译系统即可判定应调用哪个重载运算符函数。稍后将在此基础上讨论动态多态性问题。

9.3 虚函数

9.3.1 虚函数的作用

在类的继承层次结构中，在不同的层次中可以出现名字相同、参数个数和类型都相同而功能不同的函数，即重写。编译系统按照同名覆盖的原则决定调用的对象。

人们提出这样的设想，能否用同一个调用形式，既能调用派生类又能调用基类的同名函数。在程序中不是通过不同的对象名去调用不同派生层次中的同名函数，而是通过指针调用它们。例如，用同一个语句“pt->display();”可以调用不同派生层次中的 display 函数，只需在调用前给指针变量 pt 赋以不同的值（使之指向不同的类对象）。

C++中的虚函数就是用来解决这个问题的。虚函数的作用是允许在派生类中重新定义与基类同名的函数，并且可以通过基类指针或引用来访问基类和派生类中的同名函数。

根据例 9.1 中的代码，请分析下面主函数中的代码在没有使用虚函数时主函数的输出情况。

```
int main()
{
    Shape *p;
    Shape s;
    Rec rec1;
    p=&s;
    p->display();
    p=&rec1;
    p->display();
    return 0;
}
```

运行结果如下：

```
几何图形
几何图形
```

下面对程序作一点修改，在 Shape 类中声明 display 函数时在最左面加一个关键字 virtual，即：

```
virtual void display();
```

这样就把 Student 类的 display 函数声明为了虚函数。程序其他部分都不改动。再编译和运行程序，请注意分析运行结果。

```
几何图形
我是矩形
```

由虚函数实现的动态多态性就是：同一类族中不同类的对象，对同一函数调用作出不同的响应。

虚函数的使用方法如下：

（1）在基类中用 virtual 声明成员函数为虚函数。这样就可以在派生类中重新定义此函数，为它赋予新的功能，并能方便地被调用。在类外定义虚函数时，不必再加 virtual。

（2）在派生类中重新定义此函数，要求函数名、函数类型、函数参数个数和类型全部与基类的虚函数相同，并根据派生类的需要重新定义函数体。

C++规定，当一个成员函数被声明为虚函数后，其派生类中的同名函数都自动成为虚函数。因此在派生类中重新声明该虚函数时，可以加 virtual，也可以不加，但习惯上一般在每一层声明该函数时都加 virtual，使程序更加清晰。

如果在派生类中没有对基类的虚函数重新定义，则派生类简单地继承其直接基类的虚函数。

（3）定义一个指向基类对象的指针变量，并使它指向同一类族中需要调用该函数的对象。

（4）通过该指针变量调用此虚函数，此时调用的就是指针变量指向的对象的同名函数。

通过虚函数与指向基类对象的指针变量的配合使用，就能方便地调用同一类族中不同类的同名函数，只要先用基类指针指向即可。如果指针不断地指向同一类族中不同类的对象，就能不断地调用这些对象中的同名函数。这就如同不断地告诉出租车司机要去的目的地，然后司机把你送到你要去的地方。

需要说明的是，有时在基类中定义的非虚函数会在派生类中被重新定义，如果用基类指针调用该成员函数，则系统会调用对象中基类部分的成员函数；如果用派生类指针调用该成员函数，则系统会调用派生类对象中的成员函数，这并不是多态性行为（使用的是不同类型的指针），没有用到虚函数的功能。

以前介绍的函数重载处理的是同一层次上的同名函数问题，而虚函数处理的是不同派生层次上的同名函数问题，前者是横向重载，后者可以理解为纵向重载。

但与重载不同的是：同一类族的虚函数的首部是相同的，而函数重载时函数的首部是不同的（参数个数或类型不同）。

9.3.2 静态关联与动态关联

编译系统要根据已有的信息对同名函数的调用作出判断。对于调用同一类族中的虚函数，应当在调用时用一定的方式告诉编译系统你要调用的是哪个类对象中的函数，这样编译系统在对程序进行编译时即能确定调用的是哪个类对象中的函数。

确定调用的具体对象的过程称为关联（binding）。在这里是指把一个函数名与一个类对象捆绑在一起，建立关联。一般来说，关联是指把一个标识符和一个存储地址联系起来。前面提到的函数重载和通过对象名调用的虚函数在编译时即可确定其调用的虚函数属于哪一个类，其过程称为静态关联（static binding），由于是在运行前进行的关联，故又称为早期关联（early binding）。函数重载属于静态关联。

在上面的程序中看到了怎样使用虚函数，在调用虚函数时并没有指定对象名，那么系统是怎样确定关联的呢？是通过基类指针与虚函数的结合来实现多态性的。先定义了一个指向基类的指针变量，并使它指向相应的类对象，然后通过这个基类指针去调用虚函数（例如“p->display()”）。显然，对这样的调用方式，编译系统在编译该行时是无法确定调用哪一个类对象的虚函数的。因为编译只作静态的语法检查，光从语句形式是无法确定调用对象的。

在这样的情况下，编译系统把它放到运行阶段处理，在运行阶段确定关联关系。在运行阶段，基类指针变量先指向了某一个类对象，然后通过此指针变量调用该对象中的函数。

此时调用哪一个对象的函数无疑是确定的。例如，先使 p 指向 s，再执行“p->display()”，当然是调用 s 中的 display 函数。由于是在运行阶段把虚函数和类对象“绑定”在一起的，因此此过程称为动态关联（dynamic binding）。这种多态性是动态的多态性，即运行阶段的多态性。

在运行阶段，指针可以先后指向不同的类对象，从而调用同一类族中不同类的虚函数。由于动态关联是在编译以后的运行阶段进行的，因此也称为滞后关联（late binding）。

9.3.3 应当声明虚函数的情况

使用虚函数时，有两点需要注意：

- 只能用 virtual 声明类的成员函数，使它成为虚函数，而不能将类外的普通函数声明为虚函数。因为虚函数的作用是允许在派生类中对基类的虚函数重新定义。显然，它只能用于类的继承层次结构中。
- 一个成员函数被声明为虚函数后，在同一类族中的类就不能再定义一个非 virtual 的但与该虚函数具有相同的参数（包括个数和类型）和函数返回值类型的同名函数。

是否把一个成员函数声明为虚函数主要考虑以下几点：

- 首先看成员函数所在的类是否会作为基类，然后看成员函数在类的继承后有无可能被更改功能，如果希望更改其功能的，一般应该将它声明为虚函数。
- 如果成员函数在类被继承后功能不需要修改或派生类用不到该函数，则不要把它声明为虚函数。不要仅仅考虑到要作为基类而把类中的所有成员函数都声明为虚函数。
- 应考虑对成员函数的调用是通过对象名还是通过基类指针或引用去访问，如果是通过基类指针或引用去访问的，则应当声明为虚函数。
- 有时，在定义虚函数时并不定义其函数体，即函数体是空的。它的作用只是定义了一个虚函数名，具体功能留给派生类去添加。

需要说明的是，使用虚函数，系统要有一定的空间开销。当一个类带有虚函数时，编译系统会为该类构造一个虚函数表（virtual function table，vtable），它是一个指针数组，存放每个虚函数的入口地址。系统在进行动态关联时的时间开销是很少的，因此多态性是高效的。

9.4 纯虚函数与抽象类

9.4.1 纯虚函数

有时在基类中将某一成员函数定义为虚函数并不是基类本身的要求，而是考虑到派生类的需要，在基类中预留了一个函数名，具体功能留给派生类根据需要去定义。

例如在例 9.1 的程序中，基类 Shape 中求面积的 area 函数并没有实际意义，因为此时具体几何图形还没有定下来。也就是说，基类本身不需要这个函数，Shape 类中的 area 函数是为了后面的程序准备的。

在其直接派生类 Rec 和间接派生类 Cuboid 中都需要有 area 函数，而且这两个 area 函数的功能不同，一个是求矩形面积，一个是求长方体表面积。有的读者自然会想到，在这种情况下应当将 area 声明为虚函数：

```
virtual double area() {return 0.0;}
```

其返回值为 0，表示此时几何图形是没有面积的。其实，在基类中并不使用这个函数，其返回值也是没有意义的。为了简化，可以不写出这种无意义的函数体，只给出函数的原型，并在后面加上“=0”，如：

```
virtual double area() = 0;            //纯虚函数
```

这就将 area 声明为一个纯虚函数（pure virtual function）。纯虚函数是在声明虚函数时被“初始化”为 0 的函数。声明纯虚函数的一般形式如下：

```
virtual 函数类型 函数名 (参数表列)=0;
```

注意：①纯虚函数没有函数体；②最后面的“=0”并不表示函数返回值为 0，它只起形式上的作用，告诉编译系统“这是纯虚函数”；③这是一个声明语句，最后应有分号。

纯虚函数只有函数的名字而不具备函数的功能，不能被调用。它只是通知编译系统“在这里声明一个虚函数，留待派生类中定义”。在派生类中对此函数提供定义后，它才能具备函数的功能，可以被调用。

纯虚函数的作用是在基类中为其派生类保留一个函数的名字，以便派生类根据需要对它进行定义。如果在基类中没有保留函数名字，则无法实现多态性。

如果在一个类中声明了纯虚函数，而在其派生类中没有对该函数进行定义，则该虚函数在派生类中仍然为纯虚函数。

9.4.2 抽象类

如果声明了一个类，一般可以用它定义对象。但是在面向对象程序设计中往往有一些类，它们不用来生成对象。定义这些类的唯一目的是用它作为基类去建立派生类。它们作为一种基本类型提供给用户，用户在这个基础上根据自己的需要定义出功能各异的派生类，用这些派生类去建立对象。

这种不用来定义对象而只作为一种基本类型用作继承的类称为抽象类（abstract class），由于它常用作基类，通常称为抽象基类（abstract base class）。凡是包含纯虚函数的类都是抽象类，因为纯虚函数是不能被调用的，包含纯虚函数的类是无法建立对象的。抽象类的作用是作为一个类族的共同基类，或者说为一个类族提供一个公共接口。

一个类层次结构中当然也可以不包含任何抽象类，每一层次的类都是实际可用的，是可以用来建立对象的。但是，许多好的面向对象的系统，其层次结构的顶部是一个抽象类，甚至顶部有好几层都是抽象类。

如果在抽象类所派生出的新类中对基类的所有纯虚函数进行了定义，那么这些函数就被赋予了功能，可以被调用。这个派生类就不是抽象类，而是可以用来定义对象的具体类（concrete class）。如果在派生类中没有对所有纯虚函数进行定义，则此派生类仍然是抽象类，不能用来定义对象。

虽然抽象类不能定义对象（或者说抽象类不能实例化），但是可以定义指向抽象类数据的指针变量。当派生类成为具体类之后，就可以用这种指针指向派生类对象，然后通过该指针调用虚函数，实现多态性的操作。

9.5 案例解析

例 9.2 将例 9.1 中类 Shape 的代码修改如下，其他类的描述代码保持不变，分析下面主函数中的代码。

```
//定义几何图形（Shape）类
class Shape
{
public:
    //输出几何图形名称
    virtual void display()=0;
    //计算图形的周长
    virtual double girth()=0;
    //计算图形的面积
    virtual double area()=0;
};
```

主函数代码如下：

```
int main()
{
    Shape *p;
    //矩形
    Rec rec(2.0,1.0);
    p=&rec;
    p->display();
    cout<<rec;
    cout<<"面积："<<p->area()<<endl;
    //长方体
    Cuboid cuboid(2.0,1.0,3.0);
    p=&cuboid;
    p->display();
    cout<<cuboid;
    cout<<"面积："<<p->area()<<endl;
    return 0;
}
```

运行结果如下：

```
我是矩形
长：2
宽：1
```

```
面积：2
我是长方体
长：2
宽：1
高：3
面积：22
```

我们可以按照动态的用法灵活更改主函数中的代码，然后分析程序，再观察主函数运行结果。

从本例可以进一步明确以下结论：

（1）一个基类如果包含一个或一个以上纯虚函数，它就是抽象基类。抽象基类不能也不必要定义对象。

（2）抽象基类与普通基类不同，它一般并不是现实存在的对象的抽象（例如圆形（Circle）就是千千万万个实际的圆的抽象），它可以没有任何物理上的或其他实际意义方面的含义。

（3）在类的层次结构中，顶层或最上面的几层可以是抽象基类。抽象基类体现了本类族中各类的共性，把各类中共有的成员函数集中在抽象基类中声明。

（4）抽象基类是本类族的公共接口，或者说从同一基类派生出的多个类有同一接口。

（5）区别静态关联和动态关联。

（6）如果在基类中声明了虚函数，则在派生类中凡是与该函数有相同的函数名、函数类型、参数个数和类型的函数均为虚函数（不论在派生类中是否用 virtual 声明）。

（7）使用虚函数提高了程序的可扩充性。

9.6 实训任务 多态性与虚函数的应用

实训目的：

1．熟练掌握 C++编程规范。

2．掌握虚函数的定义及用法。

3．掌握纯虚函数的定义及用法。

4．能够灵活应用多态性编写程序。

实训环境：

Visual C++ 6.0

实训内容：

编写一个程序，定义抽象基类 Shape，由它派生出 5 个派生类：Circle（圆形）、Square（正方形）、Retangle（矩形）、Trapezoid（梯形）、Triangle（三角形），用虚函数分别计算几种图形的面积，并按照多态性的用法在主函数中调用。

10 文件操作

10.1 输入输出的含义

以前所用到的输入和输出都是以终端为对象的，即从键盘输入数据，运行结果输出到显示器屏幕上。从操作系统的角度看，每一个与主机相连的输入输出设备都被看作一个文件。除了以终端为对象进行输入和输出外，还经常将磁盘（光盘）作为输入输出对象，磁盘文件既可以作为输入文件，又可以作为输出文件。

程序的输入指的是从输入文件将数据传送给程序，程序的输出指的是从程序将数据传送给输出文件。

C++的输入与输出包括以下方面的内容：

（1）对系统指定的标准设备的输入和输出，即从键盘输入数据，数据输出到显示器屏幕。这种输入输出称为标准的输入输出，简称标准 I/O。

（2）以外存磁盘文件为对象进行输入和输出，即从磁盘文件输入数据，数据输出到磁盘文件。以外存文件为对象的输入输出称为文件的输入输出，简称文件 I/O。

（3）对内存中指定的空间进行输入和输出。通常指定一个字符数组作为存储空间（实际上可以利用该空间存储任何信息）。这种输入和输出称为字符串输入输出，简称串 I/O。

C++采取不同的方法来实现以上三种输入输出。

为了实现数据的有效流动，C++系统提供了庞大的 I/O 类库，调用不同的类去实现不同的功能。

10.2 C++的 I/O 类型安全和可扩展性

在 C 语言中，用 printf 和 scanf 进行输入输出，往往不能保证所输入输出的数据是可靠的安全的。在 C++的输入输出中，编译系统对数据类型进行严格的检查，凡是类型不正确的数据都不可能通过编译。因此 C++的 I/O 操作是类型安全（type safe）的。

C++的 I/O 操作是可扩展的，不仅可以用来输入输出标准类型的数据，也可以用于用户自定义类型数据的输入输出。C++对标准类型的数据和对用户声明类型的数据的输入输出采用同样的方法处理。

C++通过 I/O 类库来实现丰富的 I/O 功能。C++的输入输出优于 C 语言中的 printf 和 scanf，但是比较复杂，要掌握许多细节。

10.3 C++的输入输出流

C++的输入输出流是指由若干字节组成的字节序列，这些字节中的数据按顺序从一个对象传送到另一个对象。流表示了信息从源到目的端的流动。在输入操作时，字节流从输入设备（如键盘、磁盘）流向内存；在输出操作时，字节流从内存流向输出设备（如屏幕、打印机、磁盘等）。流中的内容可以是 ASCII 字符、二进制形式的数据、图形图像、数字音频视频或其他形式的信息。

实际上，在内存中为每一个数据流开辟了一个内存缓冲区，用来存放流中的数据。流是与内存缓冲区相对应的，或者说缓冲区中的数据就是流。

在 C++中，输入输出流被定义为类。C++I/O 库中的类称为流类（stream class）。用流类定义的对象称为流对象。

cout 和 cin 并不是 C++语言中提供的语句，它们是 iostream 类的对象，在未学习类和对象时，在不至于引起误解的前提下，为了叙述方便，把它们称为 cout 语句和 cin 语句。

10.3.1 iostream 类库中有关的类

C++编译系统提供了用于输入输出的 iostream 类库。iostream 这个词是由三个部分组成的，即 i、o、stream，意为输入输出流。在 iostream 类库中包含了许多用于输入输出的类，常用的如表 10.1 所示。

表 10.1 I/O 类库中的常用流类

类名	作用	头文件
ios	抽象基类	iostream
istream ostream iostream	通用输入流类和其他输入流类的基类 通用输出流类和其他输出流类的基类 通用输入输出流类和其他输入输出流类的基类	iostream iostream iostream
ifstream ofstream fstream	输入文件流类 输出文件流类 输入输出文件流类	fstream fstream fstream
istrstream ostrstream strstream	输入字符串流类 输出字符串流类 输入输出字符串流类	strstream strstream strstream

ios 是抽象基类，由它派生出 istream 类和 ostream 类，两个类名中第一个字母 i 和 o 分别代表输入（input）和输出（output）。istream 类支持输入操作，ostream 类支持输出操作，iostream 类支持输入输出操作。iostream 类是从 istream 类和 ostream 类通过多重继承而派生的类，其继承层次如图 10-1 所示。

C++对文件的输入输出需要用到 ifstream 类和 ofstream 类，两个类名中第一个字母 i 和 o 分别代表输入和输出，第二个字母 f 代表文件（file）。ifstream 支持对文件的输入操作，ofstream 支持对文件的输出操作。类 ifstream 继承了类 istream，类 ofstream 继承了类 ostream，类 fstream 继承了类 iostream，如图 10-2 所示。

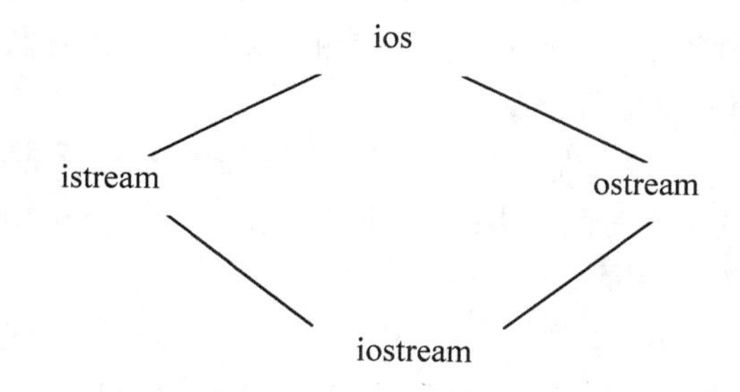

图 10-1　iostream 继承关系图

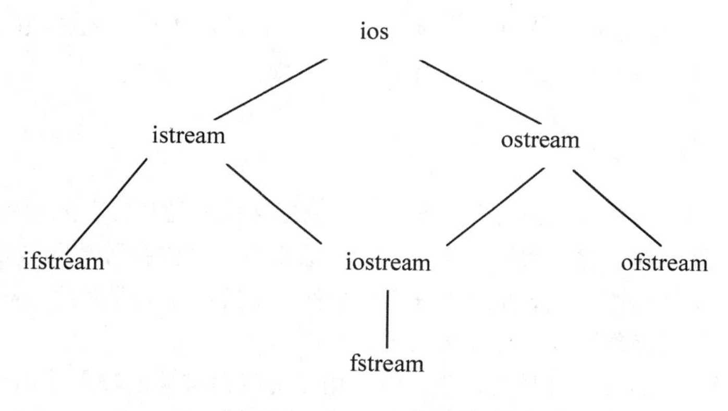

图 10-2　fstream 继承关系图

10.3.2　与 iostream 类库有关的头文件

iostream 类库中不同的类的声明被放在不同的头文件中，用户在自己的程序中用#include 命令包含了有关的头文件就相当于在本程序中声明了所需要用到的类。换一种说法就是，头文件是程序与类库的接口。iostream 类库的接口分别由不同的头文件来实现，常用的有以下几种：

- iostream：包含了对输入输出流进行操作所需要的基本信息。
- fstream：用于用户管理的文件的 I/O 操作。
- strstream：用于字符串流 I/O。
- stdiostream：用于混合使用 C 和 C++的 I/O 机制时。
- iomanip：在使用格式化 I/O 时应包含此头文件。

10.4　文件操作与文件流

10.4.1　文件的概念

迄今为止，我们讨论的输入输出是以系统指定的标准设备（输入设备为键盘，输出设备为显示器）为对象的。在实际应用中，常以磁盘文件作为对象。即从磁盘文件读取数据，将数据输出到磁盘文件。

所谓“文件”，一般指存储在外部介质上的数据的集合。一批数据是以文件的形式存放在外部介质上的，操作系统是以文件为单位对数据进行管理的。要向外部介质上存储数据也必须先建立一个文件（以文件名标识），才能向它输出数据。

外存文件包括磁盘文件、光盘文件和 U 盘文件，目前使用最广泛的是磁盘文件。

对用户来说，经常用到的文件有两大类：一类是程序文件（program file），一类是数据文件（data file）。程序中输入和输出的对象就是数据文件。

根据文件中数据的组织形式，文件可分为 ASCII 文件和二进制文件。对于字符信息，在内存中是以 ASCII 代码形式存放的，因此，无论用 ASCII 文件输出还是用二进制文件输出，其数据形式是一样的。但是对于数值数据，二者是不同的。例如有一个长整数 100000 在内存中占 4 个字节，如果按内部格式直接输出，在磁盘文件中占 4 个字节；如果将它转换为 ASCII 码形式输出，则要占 6 个字节。本章重点讲解如何实现对 ASCII 码文件的操作。

10.4.2　文件流类与文件流

文件流是以外存文件为输入输出对象的数据流。输出文件流是从内存流向外存文件的数据，输入文件流是从外存文件流向内存的数据。每一个文件流都有一个内存缓冲区与之对应。

请区分文件流与文件的概念。文件流本身不是文件，而只是以文件为输入输出对象的流。若要对磁盘文件输入输出，就必须通过文件流来实现。

在 C++的 I/O 类库中定义了几种文件类，专门用于对磁盘文件的输入输出操作。在图 10-2 中可以看到除了已经介绍过的标准输入输出流类 istream、ostream 和 iostream 类外，还有以下三个用于文件操作的文件类：

- ifstream 类：是从 istream 类派生的，用来支持从磁盘文件的输入。
- ofstream 类：是从 ostream 类派生的，用来支持向磁盘文件的输出。
- fstream 类：是从 iostream 类派生的，用来支持对磁盘文件的输入输出。

要以磁盘文件为对象进行输入输出，必须定义一个文件流类的对象，通过文件流对象将数据从内存输出到磁盘文件，或者通过文件流对象从磁盘文件将数据输入到内存。

其实在用标准设备为对象的输入输出中，也是要定义流对象的，如 cin、cout 就是流对象，C++是通过流对象进行输入输出的。由于 cin，cout 已在 iostream.h 中事先定义，所以用户不需要自己定义。在用磁盘文件时，由于情况各异，无法事先统一定义，必须由用户自己定义。此外，对磁盘文件的操作是通过文件流对象（而不是 cin 和 cout）实现的。文件流对象是用文件流类定义的，而不是用 istream 和 ostream 类来定义的。

可以用下面的方法建立一个输出文件流对象：

```
ofstream outfile;
```

现在在程序中定义了 outfile 为 ofstream 类（输出文件流类）的对象，但是有一个问题还未解决：在定义 cout 时已将它和标准输出设备建立了关联，而现在虽然建立了一个输出文件流对象，但是还未指定它向哪一个磁盘文件输出，需要在使用时加以指定。

10.4.3 文件的打开与关闭

1. 打开磁盘文件

打开文件是指在文件读写之前做必要的准备工作，包括：

- 为文件流对象和指定的磁盘文件建立关联，以便使文件流流向指定的磁盘文件。
- 指定文件的工作方式。

以上工作可以通过两种不同的方法实现，如下：

（1）调用文件流的成员函数 open，如：

```
ofstream outfile;                       //定义 ofstream 类（输出文件流类）对象 outfile
outfile.open("f1.dat",ios::out);        //使文件流与 f1.dat 文件建立关联
```

调用成员函数 open 的一般形式如下：

```
文件流对象.open(磁盘文件名,输入输出方式);
```

磁盘文件名可以包括路径，如“C:\\new\\f1.dat”，如缺省路径，则默认为当前目录下的文件。

（2）在定义文件流对象时指定参数。

在声明文件流类时定义了带参数的构造函数，其中包含了打开磁盘文件的功能。因此，可以在定义文件流对象时指定参数，调用文件流类的构造函数来实现打开文件的功能。例如：

```
ostream outfile("f1.dat",ios::out);
```

一般多用此形式，比较方便，作用与 open 函数相同。

输入输出方式是在 ios 类中定义的，它们是枚举常量，有多种选择，如表 10.2 所示。

表 10.2 文件输入输出方式设置值

方式	作用
ios::in	以输入方式打开文件
ios::out	以输出方式打开文件（这是默认方式），如果已有此名字的文件，则将其原有内容全部清除
ios::app	以输出方式打开文件，写入的数据添加在文件末尾
ios::ate	打开一个已有的文件，文件指针指向文件末尾
ios::trunc	打开一个文件，如果文件已经存在，则删除其中全部数据；如文件不存在，则建立新文件。如果已经指定了 ios::out 方式，而未指定 ios::app、ios::ate、ios::in，则同时默认此方式
ios::binary	以二进制方式打开一个文件，如果不指定此方式则默认为 ASCII 方式
ios::nocreate	打开一个已有的文件，如果文件不存在，则打开失败。nocrcate 的意思是不建立新文件
ios::noreplace	如果文件不存在则建立新文件，如果文件已存在则操作失败，replace 的意思是不更新原有文件
ios::in l ios::out	以输入和输出方式打开文件，文件可读可写
ios::out | ios::binary	以二进制方式打开一个输出文件

说明：

（1）新版本的 I/O 类库中不提供 ios::nocreate 和 ios::noreplace。

（2）每一个打开的文件都有一个文件指针。

（3）可以用“位或”运算符“|”对输入输出方式进行组合。

（4）如果打开操作失败，open 函数的返回值为 0（假），如果是用调用构造函数的方式打开文件的，则流对象的值为 0。

2. 关闭磁盘文件

在对已打开的磁盘文件的读写操作完成后，应关闭该文件。关闭文件用成员函数 close，如：

```
outfile.close();                    //将输出文件流所关联的磁盘文件关闭
```

所谓关闭，实际上是解除该磁盘文件与文件流的关联，原来设置的工作方式也失效，这样就不能再通过文件流对该文件进行输入或输出。此时可以将文件流与其他磁盘文件建立关联，通过文件流对新的文件进行输入或输出，如：

```
outfile.open("f2.dat",ios::app|ios::nocreate);
```

此时文件流 outfile 与 f2.dat 建立关联，并指定了 f2.dat 的工作方式。

10.4.4 对 ASCII 文件的操作

如果文件的每一个字节中均以 ASCII 代码形式存放数据，即一个字节存放一个字符，这个文件就是 ASCII 文件（或称字符文件）。程序可以从 ASCII 文件中读入若干个字符，也可以向它输出一些字符。

对 ASCII 文件的读写操作可以用以下两种方法：

- 用流插入运算符“<<”和流提取运算符“>>”输入输出标准类型的数据。
- 用文件流的成员函数进行字符的输入输出。

下面通过具体实例来讲解 ASCII 文件的读写操作。

例 10.1 有一个整型数组，含有 10 个元素，从键盘输入 10 个整数给数组，将此数组送到磁盘文件中存放；再将文件中的 10 个数据读出来，显示在屏幕上。

程序代码如下：

```
#include "iostream"
#include "fstream"
using namespace std;
int main()
{
    int a[10];              //定义整型数组
    int i=0,t=0;
    //定义文件流对象，以写方式打开磁盘文件 C:\\f1.txt
    ofstream outfile("C:\\f1.txt",ios::out);
    //如果打开失败，outfile 返回值
    if(!outfile)
    {
        cout<<"open file error!"<<endl;
        exit（1）;
    }
    cout<<"enter 10 integer numbers:"<<endl;
    for(i=0;i<10;i++)
    {
        cin>>t;
        //向磁盘文件 C:\\f1.txt 输出数据
        outfile<<t<<" ";
    }
    //关闭磁盘文件 f1.dat
```

```
    outfile.close();
    //定义文件流对象,以读方式打开磁盘文件 C:\\f1.txt
    ifstream infile("C:\\f1.txt",ios::in);
    //如果打开失败，outfile 返回值
    if(!infile)
    {
        cout<<"open file error!"<<endl;
        exit（1）;
    }
    for(i=0;i<10;i++)
    {
        //把文件中的数据读到数组中
        infile>>a[i];
        //把数组中的数据输出到显示器上
        cout<<a[i]<<" ";
    }
    infile.close();
    cout<<endl;
    return 0;
}
```

运行结果如下：

```
输入：
enter 10 integer numbers:
1 2 3 4 5 6 7 8 9 10（回车）
输出：
1 2 3 4 5 6 7 8 9 10
```

请注意，在向磁盘文件输出一个数据后，要输出一个（或几个）空格或换行符以作为数据间的分隔，否则以后从磁盘文件读数据时 10 个整数的数字连成一片，无法区分。

说明：

（1）程序中#include "fstream"语句的作用是导入文件流类，具体要用 ofstream 类定义对象实现文件的输出，用 ifstream 类定义对象实现文件的输入。

（2）程序中 ofstream outfile("C:\\f1.txt",ios::out);语句的作用是定义 ios::out 操作方式的文件输出流对象，它只能向文件中写数据，不能读数据。而且每次会清除文件中原来的数据，每次写入新的数据。

（3）程序中 ifstream infile("C:\\f1.txt",ios::in);语句的作用是定义 ios::in 操作方式的文件输入流对象，它只能从文件中读数据，不能写数据。

例 10.2 向文件中写入 10 个整数，然后从文件中读出 10 个整数放在数组中，找出并输出 10 个数中的最大者和它在数组中的序号。

程序代码如下：

```
#include "iostream"
#include "fstream"
using namespace std;
int main()
{
    int a[10];       //定义整型数组
    int t=0,i=0,max=0,order=0;
    //定义文件流对象，以写方式打开磁盘文件 C:\\f2.txt
    ofstream outfile("C:\\f2.txt",ios::out);
    //如果打开失败，outfile 返回值
```

```
    if(!outfile)
    {
        cout<<"open file error!"<<endl;
        exit(1);
    }
    cout<<"enter 10 integer numbers:"<<endl;
    for(i=0;i<10;i++)
    {
        cin>>t;
        //向磁盘文件 C:\\f2.txt 输出数据
        outfile<<t<<" ";
    }
    outfile.close();
    //定义文件流对象，以读方式打开磁盘文件 C:\\f2.txt
    ifstream infile("C:\\f2.txt",ios::in);
    //如果打开失败，outfile 返回值
    if(!infile)
    {
        cout<<"open file error!"<<endl;
        exit(1);
    }
    for(i=0;i<10;i++)
    {
        //把文件中的数据读到数组中
        infile>>a[i];
    }
    infile.close();
    //查找数组中的最大值和其在数组中的位置
    max=a[0];
    order=0;
    for(i=1;i<10;i++)
    {
        if(a[i]>max)
        {
            max=a[i];
            order=i;
        }
    }
    //输出最大值和位置
    cout<<"max="<<max<<endl;
    cout<<"order="<<order<<endl;
    return 0;
}
```

运行结果如下：

```
输入：
enter 10 integer numbers:
1 4 3 10 5 8 9 2 7 6（回车）
输出：
max=10
order=3
```

例 10.3 从键盘读入一行字符串，并把该字符串存放在磁盘文件中；再把它从磁盘文件读入程序，将其中的小写字母改为大写字母，再存入磁盘中的另一个文件中。

程序代码如下：

```
#include "iostream"
#include "fstream"
using namespace std;
int main()
{
    int i=0;
    char c[100]={'\0'};    //定义字符数组
    char t[100]={'\0'};
    //通过键盘输入字符串
    cout<<"输入一行字符串：";
    cin>>c;
    //定义文件流对象，以写方式打开磁盘文件 C:\\f3.txt
    ofstream outfile("C:\\f3.txt",ios::out);
    //如果打开失败,outfile 返回值
    if(!outfile)
    {
        cout<<"open file error!"<<endl;
        exit(1);
    }
    //将字符串写到文件中
    outfile<<c<<endl;
    outfile.close();
    //定义文件流对象，以读方式打开磁盘文件 C:\\f3.txt
    ifstream infile("C:\\f3.txt",ios::in);
    //如果打开失败，outfile 返回值
    if(!infile)
    {
        cout<<"open file error!"<<endl;
        exit(1);
    }
    //把文件中的字符串读到字符数组中
    infile>>t;
    infile.close();
    //将字符数组 t 中的字母改为大写字母
    i=0;
    while(t[i]!='\0')
    {
        if(t[i]>='a' && t[i]<='z')
        {
            t[i]=t[i]-32;
        }
        i++;
    }
    //输出字符数组 t 中的字符串
    cout<<"转换后的字符串："<<t<<endl;
    return 0;
}
```

运行结果如下：

```
输入：
输入一行字符串：abcdefg（回车）
输出：
转换后的字符串：ABCDEFG
```

说明：

由于程序语句 cin>>c; 在输入字符串时碰到空格会终止读取后面的数据，所以运行上面的程

序时，如果一行字符串中含有空格，则程序只处理第一个空格之前的数据。如果要编写成能够处理空格，则代码改动如下：

```
#include "iostream"
#include "fstream"
using namespace std;
int main()
{
    char ch;
    int i=0;
    char c[100]={'\0'};    //定义字符数组
    char t[100]={'\0'};
    //通过键盘输入字符串
    cout<<"输入一行字符串：";
    //cin>>c;
    //利用 cin 成员函数读取字符串，可以读取空格
    cin.getline(c,100);
    //定义文件流对象，以写方式打开磁盘文件 C:\\f3.txt
    ofstream outfile("C:\\f3.txt",ios::out);
    //如果打开失败，outfile 返回值
    if(!outfile)
    {
        cout<<"open file error!"<<endl;
        exit(1);
    }
    //将字符串写到文件中
    outfile<<c<<endl;
    outfile.close();
    //定义文件流对象，以读方式打开磁盘文件 C:\\f3.txt
    ifstream infile("C:\\f3.txt",ios::in);
    //如果打开失败，outfile 返回值
    if(!infile)
    {
        cout<<"open file error!"<<endl;
        exit(1);
    }
    //把文件中的字符串读到字符数组中
    //infile>>t;
    i=0;
    while((ch=infile.get())!=EOF)
    {
        t[i]=ch;
        i++;
    }
    infile.close();
    //将字符数组 t 中的字母改为大写字母
    i=0;
    while(t[i]!='\0')
    {
        if(t[i]>='a' && t[i]<='z')
        {
            t[i]=t[i]-32;
        }
        i++;
    }
```

```
    //输出字符数组 t 中的字符串
    cout<<"转换后的字符串："<<t<<endl;
    return 0;
}
```

运行结果如下：

```
输入：
输入一行字符串：abc de   fg（回车）
输出：
转换后的字符串：AB CD   EFG
```

例 10.4 为了实现代码重用，把文件的读写操作封装成函数，然后通过调用函数实现相应的功能。

程序代码如下：

```
#include "iostream"
#include "fstream"
#include "string"
using namespace std;
//char *filename 为文件名，int a[]为整型数组，int n 为数据个数
void readFileData(char *filename,int a[],int n)
{
    int i=0;
    ifstream infile(filename,ios::in);
    if(!infile)
    {
        cout<<"open file error!"<<endl;
        exit(1);
    }
    for(i=0;i<n;i++)
    {
        infile>>a[i];
    }
    infile.close();
}
//char *filename 为文件名，int a[]为整型数组，int n 为数据个数
void writeFileData(char *filename,int a[],int n)
{
    int i=0;
    ofstream outfile(filename,ios::out);
    if(!outfile)
    {
        cout<<"open file error!"<<endl;
        exit(1);
    }
    for(i=0;i<n;i++)
    {
        outfile<<a[i]<<" ";
    }
    outfile.close();
}
//char *filename 为文件名，int a[]为整型数组，int n 为数据个数
void writeFileDataApp(char *filename,int a[],int n)
{
    int i=0;
    ofstream outfile(filename,ios::app);        //数据追加方式
```

```
    if(!outfile)
    {
        cerr<<"Error!"<<endl;
        exit(1);
    }
    for(i=0;i<n;i++)
    {
        outfile<<a[i]<<" ";
    }
    outfile.close();
}

int main()
{
    int t,i,j,a[20];
    //向 f1 文件中写数据
    cout<<"请向 f1 文件中输入数据：";
    for(i=0;i<3;i++)
        cin>>a[i];
    writeFileData("C:\\f1.txt",a,3);
    //向 f2 文件中写数据
    cout<<"请向 f2 文件中输入数据：";
    for(i=0;i<3;i++)
        cin>>a[i];
    writeFileData("C:\\f2.txt",a,3);
    //把 f1 文件中的数据读出来
    readFileData("C:\\f1.txt",a,3);
    //追加到 f2 文件中
    writeFileDataApp("C:\\f2.txt",a,3);

    //把 f2 文件中的数据读出来
    readFileData("C:\\f2.txt",a,6);
    //排序
    for(i=0;i<6;i++)
    {
        for(j=i+1;j<6;j++)
        {
            if(a[j]<a[i])
            {
                t=a[i];
                a[i]=a[j];
                a[j]=t;
            }
        }
    }
    //重新排序后再写回去
    writeFileData("C:\\f2.txt",a,6);
    //把 f2 文件中的数据再次读出来
    readFileData("C:\\f2.txt",a,6);
    //输出到显示器上
    for(i=0;i<6;i++)
    {
        cout<<a[i]<<"   ";
    }
    cout<<endl;
```

```
    return 0;
}
```

运行结果如下：

```
输入：
请向 f1 文件中输入数据：3 2 1（回车）
请向 f2 文件中输入数据：6 5 4（回车）
输出：
1 2 3 4 5 6
```

说明：

（1）void readFileData(char *filename,int a[],int n)函数实现了从指定文件（char *filename）中读取 n 个整数存到数组 int a[]中。

（2）void writeFileData(char *filename,int a[],int n)函数实现了把数组 int a[]中的 n 个整数写到指定文件（char *filename）中，它属于重写方式，即每次会把原来文件中的数据清除，然后再写。

（3）void writeFileDataApp(char *filename,int a[],int n)函数实现了把数组 int a[]中的 n 个整数写到指定文件（char *filename）中，它属于追加方式，即每次会保留原来文件中的数据，把数据追加到文件后面。

10.5 实训任务 文件操作的应用

实训目的：

1．熟练掌握 C++编程规范。

2．掌握标准输入/输出流的应用。

3．能够对文件进行读写操作。

实训环境：

Visual C++ 6.0

实训内容：

建立两个磁盘文件 f1.txt 和 f2.txt，编写程序实现以下工作：

（1）从键盘输入 20 个整数，分别存放在两个文件中（每个文件存放 10 个整数）。

（2）从 f1.txt 读入 10 个数，然后放到 f2.txt 文件原有数据的后面。

（3）从 f2.txt 读入 20 个数，将它们从小到大排序后重新存放到 f2.txt 文件中（不保留原来的数据）。

（4）将 f2.txt 排序后的 20 个数读出来输出到显示器上。

11

异常处理结构

11.1 异常处理

11.1.1 异常处理的任务

程序编制者不仅要考虑程序没有错误的理想情况，更要考虑程序存在错误时的情况，应该能够尽快地发现错误并消除错误。

程序中常见的错误有两大类：语法错误和运行错误。在编译时，编译系统能发现程序中的语法错误。

有的程序虽然能通过编译，也能投入运行，但是在运行过程中会出现异常，得不到正确的运行结果，甚至导致程序不正常终止或出现死机现象。这类错误比较隐藏，不易被发现，往往耗费许多时间和精力。这成为程序调试中的一个难点。

在设计程序时，应当事先分析程序运行时可能出现的各种意外情况，并且分别制订出相应的处理方法，这就是程序异常处理的任务。

在运行没有异常处理的程序时，如果运行情况出现异常，由于程序本身不能处理，程序只能终止运行。如果在程序中设置了异常处理机制，则在运行情况出现异常时，由于程序本身已规定了处理的方法，于是程序的流程就转到异常处理代码段处理。用户可以指定进行任何的处理。

需要说明的是，只要出现与人们期望的情况不同的情况，都可以认为是异常，并对它进行异常处理。因此，所谓异常处理指的是对运行时出现的差错以及其他例外情况的处理。

11.1.2 异常处理的方法

在一个小的程序中，可以用比较简单的方法处理异常。但是在一个大的系统中，如果在每一个函数中都设置处理异常的程序段，会使程序过于复杂和庞大。因此，C++采取的办法是：如果在执行一个函数过程中出现异常，可以不在本函数中立即处理，而是发出一个信息，传给它的上一级（即调用它的函数），它的上一级捕捉到这个信息后进行处理。如果上一级的函数也不能处理，就再传给其上一级，由其上一级处理。如此逐级上送，如果到最高一级还无法处理，最后只好异常终止程序的执行。

这样做使异常的发现与处理不由同一个函数来完成。好处是使底层的函数专门用于解决实际任务，而不必再承担处理异常的任务，以减轻底层函数的负担，而把处理异常的任务上移到某一层去处理。这样可以提高效率。

C++处理异常的机制是由三个部分组成的，即检查（try）、抛出（throw）和捕捉（catch）。把需要检查的语句放在 try 块中，throw 用来在出现异常时发出一个异常信息，而 catch 用来捕捉异常信息，如果捕捉到了异常信息，就处理它。

先写出没有异常处理时的程序。

例 11.1 输入一元二次方程的三个系数（a、b、c），然后输出两个实根（x1 和 x2）。只有 $a \neq 0$ 并且 $\Delta = b^2 - 4ac \geqslant 0$ 时才能求解实根。设置异常处理，对不符合条件的输出警告信息，不予计算。

程序代码如下：

```
#include <iostream>
#include <cmath>
using namespace std;
//声明函数
void calroots(double a,double b,double c);
int main()
{
    double a=0,b=0,c=0;
    double s=0;
    cout<<"分别输入一元二次方程的三个系数：";
    //输入一元二次方程的系数
    cin>>a>>b>>c;
    //调用函数
    calroots(a,b,c);
    return 0;
}
//自定义函数，输出一元二次方程的两个根
void calroots(double a,double b,double c)
{
    double t=b*b-4.0*a*c;
    //计算第一个实根
    double x1=(-b+sqrt(t))/(2.0*a);
    //计算第二个实根
    double x2=(-b-sqrt(t))/(2.0*a);
    //输出第一个实根
    cout<<"x1="<<x1<<endl;
    //输出第二个实根
    cout<<"x2="<<x2<<endl;
}
```

运行结果如下：

```
第一组测试数据：
输入：
分别输入一元二次方程的三个系数：1 -3 2（回车）
输出：
x1=2
x2=1
第二组测试数据：
输入：
分别输入一元二次方程的三个系数：3 1 4（回车）
输出：
```

```
x1=-1.#IND
x2=-1.#IND
```

例 11.2 修改程序，在函数 calroots 中对一元二次方程的三个系数条件进行检查，如果不符合求根条件，就抛出一个异常信息，在主函数的 try-catch 块中调用 calroots 函数，检测有无异常信息并作相应处理。

修改后的程序如下：

```
#include <iostream>
#include <cmath>
using namespace std;
//声明函数
void calroots(double a,double b,double c);
int main()
{
    double a=0,b=0,c=0;
    double s=0;
    cout<<"分别输入一元二次方程的三个系数：";
    //输入一元二次方程的系数
    cin>>a>>b>>c;
    //调用函数
    try
    {
        calroots(a,b,c);
    }
    catch(double)
    {
        cout<<"不能求出实根。"<<endl;
    }
    return 0;
}
//自定义函数，输出一元二次方程的两个根
void calroots(double a,double b,double c)
{
    double t=0,x1=0,x2=0;
    //如果二次项系数的绝对值小于 0.0001，则认为系数是 0，不能构成一元二次方程
    if(abs(a)<0.0001)
        throw a;
    t=b*b-4.0*a*c;
    if(t<0)
        throw t;
    //计算第一个实根
    x1=(-b+sqrt(t))/(2.0*a);
    //计算第二个实根
    x2=(-b-sqrt(t))/(2.0*a);
    //输出第一个实根
    cout<<"x1="<<x1<<endl;
    //输出第二个实根
    cout<<"x2="<<x2<<endl;
}
```

运行结果如下：

```
第一组测试数据：
输入：
分别输入一元二次方程的三个系数：1 -3 2（回车）
输出：
```

```
x1=2
x2=1
第二组测试数据：
输入：
分别输入一元二次方程的三个系数：3 1 4（回车）
输出：
系数有错误，不能求出实根。
```

现在结合程序来分析怎样进行异常处理。

（1）把可能出现异常的、需要检查的语句或程序段放在 try 后面的花括号中。

（2）程序开始运行后，按正常的顺序执行到 try 块，开始执行 try 块中花括号内的语句。如果在执行 try 块内语句的过程中没有发生异常，则 catch 子句不起作用，流程转到 catch 子句后面的语句继续执行。

（3）如果在执行 try 块内语句（包括其所调用的函数）的过程中发生异常，则 throw 运算符抛出一个异常信息。throw 抛出异常信息后，流程立即离开本函数而转到其上一级的函数（main 函数）。throw 抛出什么样的数据由程序设计者自定，可以是任何类型的数据。

（4）这个异常信息提供给 try-catch 结构，系统会寻找与之匹配的 catch 子句。

（5）在进行异常处理后，程序并不会自动终止，继续执行 catch 子句后面的语句。

由于 catch 子句是用来处理异常信息的，往往被称为 catch 异常处理块或 catch 异常处理器。

下面讲述异常处理的语法。

throw 语句一般是由 throw 运算符和一个数据组成的，其形式为：

```
throw 表达式;
```

try-catch 的结构为：

```
try
{
    被检查的语句
}
catch(异常信息类型 1[变量名])
{
    进行异常处理的语句
}
catch(异常信息类型 2[变量名])
{
    进行异常处理的语句
}
```

说明：

（1）被检测的函数必须放在 try 块中，否则不起作用。

（2）try 块和 catch 块作为一个整体出现，catch 块是 try-catch 结构中的一部分，必须紧跟在 try 块之后，不能单独使用，在二者之间也不能插入其他语句。但是在一个 try-catch 结构中，可以只有 try 块而没有 catch 块，即在本函数中只检查而不处理，把 catch 处理块放在其他函数中。

（3）try 和 catch 块中必须有用花括号括起来的复合语句，即使花括号内只有一个语句，也不能省略花括号。

（4）一个 try-catch 结构中只能有一个 try 块，但却可以有多个 catch 块，以便与不同的异常信息匹配。

（5）catch 后面的圆括号中一般只写异常信息的类型名，如：

```
catch(double)
```

catch 只检查所捕获异常信息的类型，而不检查它们的值。因此如果需要检测多个不同的异常信息，应当由 throw 抛出不同类型的异常信息。

异常信息可以是 C++系统预定义的标准类型，也可以是用户自定义的类型（如结构体或类）。如果由 throw 抛出的信息属于该类型或其子类型，则 catch 与 throw 二者匹配，catch 捕获该异常信息。

catch 还可以有另外一种写法，即除了指定类型名外还指定变量名，如：

```
catch(double d)
```

此时如果 throw 抛出的异常信息是 double 型的变量 a，则 catch 在捕获异常信息 a 的同时还使 d 获得 a 的值，或者说 d 得到 a 的一个拷贝。什么时候需要这样做呢？有时希望在捕获异常信息时，还能利用 throw 抛出的值，如：

```
catch(double d)
{
    cout<<"throw "<<d;
}
```

这时会输出 d 的值（也就是 a 的值）。当抛出的是类对象时，有时希望在 catch 块中显示该对象中的某些信息，这时就需要在 catch 的参数中写出变量名（类对象名）。

（6）如果在 catch 子句中没有指定异常信息的类型，而是用了省略号“…”，则表示它可以捕捉任何类型的异常信息，如：

```
catch(…) {cout<<"OK"<<endl;}
```

能捕捉所有类型的异常信息并输出“OK”。

这种 catch 子句应放在 try-catch 结构中的最后，相当于“其他”。如果把它作为第一个 catch 子句，则后面的 catch 子句都不起作用。

（7）try-catch 结构可以与 throw 出现在同一个函数中，也可以不在同一个函数中。当 throw 抛出异常信息后，首先在本函数中寻找与之匹配的 catch，如果在本函数中没有 try-catch 结构或找不到与之匹配的 catch，则转到离出现异常最近的 try-catch 结构去处理。

（8）在某些情况下，在 throw 语句中可以不包括表达式，如：

```
throw;
```

表示“我不处理这个异常，请上级处理”。

（9）如果 throw 抛出的异常信息找不到与之匹配的 catch 块，那么系统就会调用一个系统函数 terminate 使程序终止运行。

在例 11.2 中使用异常处理时并不知道是由什么原因引发了异常，导致没有实根（可能有两种原因：一是二次项系数为 0；二是 $\Delta = b^2 - 4ac < 0$ ），根据上述异常处理结构的特点更改程序代码，当发生异常时提示引发异常的原因。

例 11.3 更改例 11.2 的程序代码，使之当发生异常时提示引发异常的原因。

程序代码如下：

```
#include <iostream>
#include <cmath>
using namespace std;
//声明函数
void calroots(double a,double b,double c);
int main()
{
    double a=0,b=0,c=0;
```

```
    double s=0;
    cout<<"分别输入一元二次方程的三个系数：";
    //输入一元二次方程的系数
    cin>>a>>b>>c;
    //调用函数
    try
    {
        calroots(a,b,c);
    }
    catch(int)          //捕捉 int 类型异常
    {
        cout<<"二次项为 0，不能构成一元二次方程。"<<endl;
    }
    catch(float)        //捕捉 float 类型异常
    {
        cout<<"b*b-4*a*c<0，没有实根。"<<endl;
    }
    return 0;
}
//自定义函数，输出一元二次方程的两个根
void calroots(double a,double b,double c)
{
    int flag1=0;              //只作为异常类标记
    float flag2=0;            //只作为异常类标记
    double t=0,x1=0,x2=0;
    //如果二次项系数的绝对值小于 0.0001，则认为系数是 0，不能构成一元二次方程
    if(abs(a)<0.0001)
        throw flag1;          //抛出 int 类型异常
    t=b*b-4.0*a*c;
    if(t<0)
        throw flag2;          //抛出 float 类型异常
    //计算第一个实根
    x1=(-b+sqrt(t))/(2.0*a);
    //计算第二个实根
    x2=(-b-sqrt(t))/(2.0*a);
    //输出第一个实根
    cout<<"x1="<<x1<<endl;
    //输出第二个实根
    cout<<"x2="<<x2<<endl;
}
```

运行结果如下：

```
第一组测试数据：
输入：
分别输入一元二次方程的三个系数：1 -3 2（回车）
输出：
x1=2
x2=1
第二组测试数据：
输入：
分别输入一元二次方程的三个系数：3 1 4（回车）
输出：
b*b-4*a*c<0，没有实根。
第三组测试数据：
输入：
```

```
分别输入一元二次方程的三个系数：0 1 4（回车）
输出：
二次项为 0，不能构成一元二次方程。
```

本节简单地结合具体应用实例介绍了异常处理机制及其使用方法，请读者在今后的实际应用中进一步掌握它们。

11.2 实训任务 异常处理结构的应用

实训目的：

1．熟练掌握 C++编程规范。

2．掌握异常的概念。

3．掌握异常处理结构的应用。

实训环境：

Visual C++ 6.0

实训内容：

给出三角形的三边 a、b、c，求三角形的面积。只有 a+b>c、b+c>a、c+a>b 时才能构成三角形。设置异常处理，对不符合三角形条件的输出警告信息，不予计算。

附录

运算符的优先级别和结合性

优先级	运算符	名称或含义	使用形式	结合方向	说明
1	[]	数组下标	数组名[常量表达式]	左到右	
	()	圆括号	(表达式)/函数名(形参表列)		
	.	成员选择（对象）	对象.成员名		
	->	成员选择（指针）	对象指针->成员名		
2	-	负号运算符	-表达式	右到左	单目运算符
	(类型)	强制类型转换	(数据类型)表达式		
	++	自增运算符	++变量名/变量名++		单目运算符
	--	自减运算符	--变量名/变量名--		单目运算符
	*	取值运算符	*指针变量		单目运算符
	&	取地址运算符	&变量名		单目运算符
	!	逻辑非运算符	!表达式		单目运算符
	~	按位取反运算符	~表达式		单目运算符
	sizeof	长度运算符	sizeof(表达式)		
3	/	除	表达式/表达式	左到右	双目运算符
	*	乘	表达式*表达式		双目运算符
	%	余数（取模）	整型表达式/整型表达式		双目运算符
4	+	加	表达式+表达式	左到右	双目运算符
	-	减	表达式-表达式		双目运算符
5	<<	左移	变量<<表达式	左到右	双目运算符
	>>	右移	变量>>表达式		双目运算符
6	>	大于	表达式>表达式	左到右	双目运算符
	>=	大于等于	表达式>=表达式		双目运算符
	<	小于	表达式<表达式		双目运算符
	<=	小于等于	表达式<=表达式		双目运算符

续表

<table>
<tr><th>优先级</th><th>运算符</th><th>名称或含义</th><th>使用形式</th><th>结合方向</th><th>说明</th></tr>
<tr><td rowspan="2">7</td><td>==</td><td>等于</td><td>表达式==表达式</td><td rowspan="2">左到右</td><td>双目运算符</td></tr>
<tr><td>!=</td><td>不等于</td><td>表达式!=表达式</td><td>双目运算符</td></tr>
<tr><td>8</td><td>&</td><td>按位与</td><td>表达式&表达式</td><td>左到右</td><td>双目运算符</td></tr>
<tr><td>9</td><td>^</td><td>按位异或</td><td>表达式^表达式</td><td>左到右</td><td>双目运算符</td></tr>
<tr><td>10</td><td>|</td><td>按位或</td><td>表达式|表达式</td><td>左到右</td><td>双目运算符</td></tr>
<tr><td>11</td><td>&&</td><td>逻辑与</td><td>表达式&&表达式</td><td>左到右</td><td>双目运算符</td></tr>
<tr><td>12</td><td>||</td><td>逻辑或</td><td>表达式||表达式</td><td>左到右</td><td>双目运算符</td></tr>
<tr><td>13</td><td>?:</td><td>条件运算符</td><td>表达式 1?表达式 2:表达式 3</td><td>右到左</td><td>三目运算符</td></tr>
<tr><td rowspan="11">14</td><td>=</td><td>赋值运算符</td><td>变量=表达式</td><td rowspan="11">右到左</td><td></td></tr>
<tr><td>/=</td><td>除后赋值</td><td>变量/=表达式</td><td></td></tr>
<tr><td>*=</td><td>乘后赋值</td><td>变量*=表达式</td><td></td></tr>
<tr><td>%=</td><td>取模后赋值</td><td>变量%=表达式</td><td></td></tr>
<tr><td>+=</td><td>加后赋值</td><td>变量+=表达式</td><td></td></tr>
<tr><td>-=</td><td>减后赋值</td><td>变量-=表达式</td><td></td></tr>
<tr><td><<=</td><td>左移后赋值</td><td>变量<<=表达式</td><td></td></tr>
<tr><td>>>=</td><td>右移后赋值</td><td>变量>>=表达式</td><td></td></tr>
<tr><td>&=</td><td>按位与后赋值</td><td>变量&=表达式</td><td></td></tr>
<tr><td>^=</td><td>按位异或后赋值</td><td>变量^=表达式</td><td></td></tr>
<tr><td>|=</td><td>按位或后赋值</td><td>变量|=表达式</td><td></td></tr>
<tr><td>15</td><td>,</td><td>逗号运算符</td><td>表达式,表达式,…</td><td>左到右</td><td>从左到右顺序运算</td></tr>
</table>

参考文献

[1] 梁建武．Visual C++程序设计教程[M]．北京：中国水利水电出版社，2013．
[2] 郑阿奇．Visual C++教程[M]．北京：机械工业出版社，2014．
[3] 刘厚全．C++程序设计基础教程[M]．北京：机械工业出版社，2014．
[4] 朱伟华，郑茵．C 语言程序设计案例教程 [M]．北京：清华大学出版社，2014．
[5] 张俊．C++面向对象程序设计习题与实验指导[M]．北京：中国铁道出版社，2012．
[6] 冯博琴，贾应智．C++程序设计[M]．北京：中国铁道出版社，2011．